Ergänzungsseiten zur schriftlichen Subtraktion

Erweiterungsverfahren

Für die Subtraktion gibt es verschiedene Verfahren. Um Verwirrungen für die Schülerinnen und Schüler zu vermeiden, wird im Schülerbuch nur ein Verfahren, das Abziehverfahren mit Entbündelung, beschrieben. Wenn stattdessen das Erweiterungsverfahren eingeführt werden soll, können diese farbigen Seiten dafür genutzt werden. Im Lehrerhandbuch ist der Kommentar dazu enthalten, ebenso die Schülerbuchseiten und die passenden Arbeitsblätter als Kopiervorlagen.

Schriftlich subtrahieren mit Übertrag

Rechne in Stellenwerttabellen.

1. 846 – 472
2. 356 – 166
3. 867 – 685
4. 238 – 219
5. 690 – 461
6. 486 – 237
7. 714 – 523
8. 922 – 350
9. 490 – 326
10. 261 – 56
11. 535 – 62
12. 952 – 92
13. 706 – 516
14. 470 – 380
15. 688 – 209

Addiere zur Kontrolle von unten nach oben.

16. 612 – 395
17. 457 – 291
18. 924 – 768
19. 765 – 439
20. 538 – 187
21. 921 – 476
22. 372 – 146
23. 800 – 382
24. 555 – 367
25. 367 – 308
26. 900 – 797
27. 816 – 689
28. 633 – 157
29. 407 – 326
30. 830 – 367
31. 900 – 854
32. 620 – 167
33. 855 – 699
34. 311 – 73
35. 903 – 534

Ergänze die fehlenden Zahlen.

36. □□□ – 423 = 215
37. □□□ – 812 = 162
38. □□□ – 135 = 402
39. 726 – □□□ = 111
40. 946 – □□□ = 713
41. 1000 – □□□ = 627
42. 1000 – □□□ = 409
43. □□□ – 265 = 100
44. □□□ – 384 = 162
45. □42 – 2□□ = 414

46. Familie Schnurr nahm zum Großeinkauf 650 € mit. Sie bezahlte 483 €.
47. Herr Helm fährt auf seiner zweitägigen Geschäftsreise insgesamt 763 km. Am 1. Tag fährt er 389 km.
48. Stuttgart-Hamburg: Luftlinie 576 km, Autobahn 692 km.
49. Christine hat 9,28 € dabei. Sie kauft ein Taschenbuch für 4,79 € und Hefte für 2,49 €.

Das Mathebuch ...
Die spannendsten Aufgaben stellt das Leben.

93502-4001
04/2008

Mildenberger Verlag
Im Lehbühl 6 • 77652 Offenburg • Telefon 07 81 / 91 70 - 0 • Telefax 07 81 / 91 70 - 50
www.mildenberger-verlag.de • E-Mail: info@mildenberger-verlag.de

Schriftlich subtrahieren

Berechne den Unterschied jeweils auf zwei Arten.

① 263 200	③ 920 990	⑤ 63 1000	⑦ 153 165
② 263 300	④ 920 850	⑥ 920 70	⑧ 1000 986

Ilona hat 435 € gespart. Ihr kleiner Bruder Jens hat erst 123 € gespart.
Wie viel € hat Ilona mehr gespart als Jens?

Subtraktionsaufgabe: 435 – 123 = ▢

Ergänzungsaufgabe: 123 + ▢ = 435

	H	Z	E
	4	3	5
⊖	1	2	3
	3	1	2

❶ Beide Zahlen mit Geld darstellen.

❷ Unterschied feststellen.

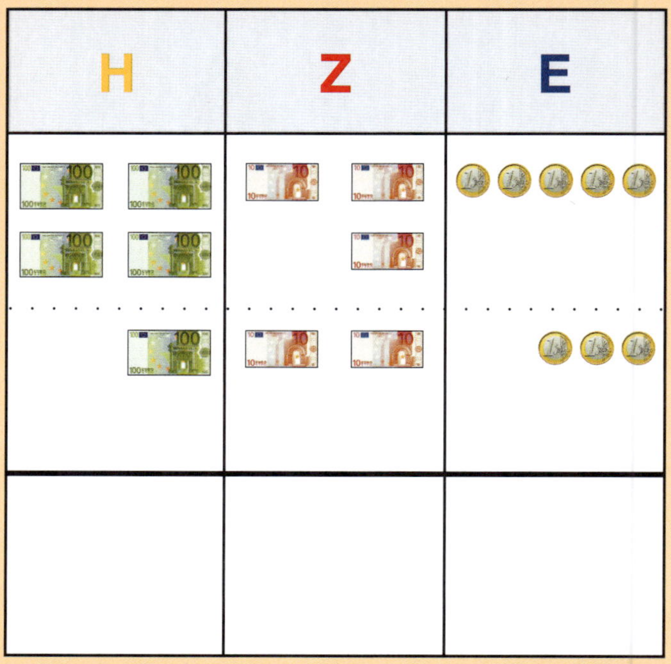

Einer:	3 plus wie viel gleich 5?	3 + **2** = 5
Zehner:	2 plus wie viel gleich 3?	2 + **1** = 3
Hunderter:	1 plus wie viel gleich 4?	1 + **3** = 4

S. 66 a, Nr. 9

```
  435
- 123
  312
```

3 + **2** = 5 schreibe 2

2 + **1** = 3 schreibe 1

1 + **3** = 4 schreibe 3

⑨ 435 – 123	⑪ 796 – 674	⑬ 847 – 26	⑮ 659 – 423	⑰ 555 – 125
⑩ 924 – 302	⑫ 284 – 134	⑭ 634 – 13	⑯ 356 – 144	⑱ 999 – 876

(1) **„Goldene Nummern“**
Schwierigere oder weiterführende Aufgaben.

[1] **„Quadratische Nummern“**
Diese Aufgaben können im **Arbeitsheft** gelöst werden.

(1) **„Lorbeerkranz-Nummern“**
Knobelaufgaben für kleine Mathematiker, die sich gern an schwierige Aufgaben wagen.

„Elefant“
Zu dieser Seite gibt es im **Arbeitsheft** zusätzliche Aufgaben.

„Till-Aufgaben“
Achtung! Auf diesen Seiten musst du besonders aufpassen. Till, der Schelm, hat Aufgaben eingeschmuggelt, die Fehler enthalten, unlösbar oder einfach merkwürdig sind. Verändere diese Aufgaben so, dass sie sinnvoll und lösbar werden.

Der Tigerflieger zeigt dir, mit welchem Teil der dem Buch beiliegenden CD-ROM **Mathetiger Basic 3** du arbeiten kannst:

Grollmen
Zahlvorstellung aufbauen

Kofferservice PAX
Zahlen ordnen

Zoras Zauberzeichen
Flexibles Rechnen

Rechenmeister
Kopfrechnen

Paketservice Pauer
Mit Gewichten rechnen

Paketris
Räumliches Vorstellungsvermögen

Zu diesen Seiten findest du im **Internet** zusätzliche Programme und Internetlinks unter: **www.das-mathebuch-3.de/3502-40/**

Hier findest du weitere passende Aufgaben, die du lösen kannst.

Hier findest du Aufgaben, die du für andere Schüler erstellen kannst.

Hier findest du Links, die zu interessanten Informationen zum Thema der Seite führen.

Vorübungen zur schriftlichen Subtraktion mit Übertrag

Berechne bei den Aufgaben 1 bis 6 die Unterschiede. Was fällt auf?

(1)

Ute hat __ €.
Benni hat __ €.
Unterschied __ €.

Ute hat jetzt __ €.
Benni hat jetzt __ €.
Unterschied __ €.

Ute hat jetzt __ €.
Benni hat jetzt __ €.
Unterschied __ €.

(2) 762 – 150 = __
752 – 140 = __
742 – 130 = __
__ – __ = __

(3) 720 – 50 = __
730 – 60 = __
740 – 70 = __
__ – __ = __

(4) 232 + __ = 460
242 + __ = 470
252 + __ = 480
__ + __ = __

(5) 536 + __ = 580
535 + __ = 579
534 + __ = 578
__ + __ = __

(6)

__ Gramm __ Gramm
Unterschied __ Gramm

__ Gramm __ Gramm
Unterschied __ Gramm

Rechne und sprich wie auf Seite 66a.

(7) 435 – 113	(10) 769 – 538	(13) 837 – 617	(16) 583 – 531	(19) 927 – 625
(8) 435 – 231	(11) 908 – 604	(14) 563 – 162	(17) 835 – 222	(20) 684 – 102
(9) 435 – 335	(12) 637 – 435	(15) 470 – 260	(18) 789 – 771	(21) 999 – 789

Schriftlich subtrahieren mit Übertrag

Klaus hat auf seinem Sparbuch 354 €. Er hebt 138 € ab.
Wie viel Geld ist noch auf dem Sparbuch?

Subtraktionsaufgabe: 354 – 138 = ☐

Ergänzungsaufgabe: 138 + ☐ = 354

	H	Z	E
	3	5	4
⊖	1	3	8

1 Aufgabe aufschreiben und beide Zahlen mit Geld darstellen.

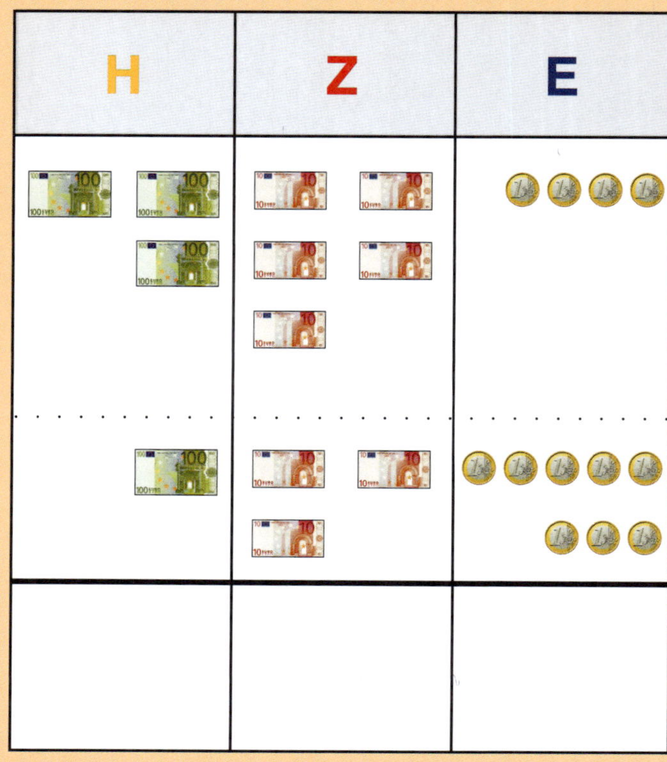

	H	Z	E
	3	5	4
			+10
⊖	1	3	8
		+1	

2 Beide Zahlen um 10 vergrößern, zu beiden Geldbeträgen 10 € dazulegen.

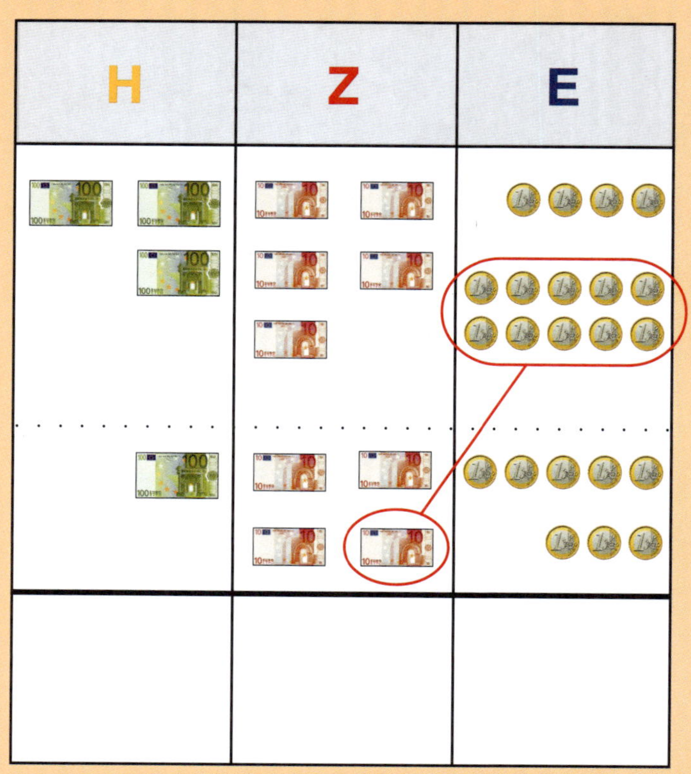

	H	Z	E
	3	5	4
			(+10)
⊖	1	3	8
		(+1)	
	2	1	6

❸ Den Unterschied feststellen und aufschreiben.

H	Z	E

Einer:	8 plus wie viel gleich 4?	8 + ☐ = 4 geht nicht.
	Beide Zahlen (354 und 138) um 10 vergrößern.	
Einer:	8 plus wie viel gleich 14?	8 + **6** = 14
Zehner:	4 plus wie viel gleich 5?	4 + **1** = 5
Hunderter:	1 plus wie viel gleich 3?	1 + **2** = 3

① 354 – 138 ③ 684 – 279 ⑤ 746 – 317 ⑦ 763 – 382 ⑨ 526 – 81

② 835 – 618 ④ 392 – 164 ⑥ 573 – 336 ⑧ 483 – 195 ⑩ 959 – 97

Schriftlich subtrahieren mit Übertrag

S. 70 a, Nr. 1

	H	Z	E
	8	4	6
		(+10)	
−	4 (+1)	7	2
	3	7	4

E: 2 + 4 = 6
Z: 7 + 7 = 14
H: 5 + 3 = 8

Rechne in Stellenwerttabellen.

1 846 − 472
2 356 − 166
3 867 − 685
4 238 − 219
5 690 − 461
6 486 − 237
7 714 − 523
8 922 − 350
9 490 − 326
10 261 − 56
11 535 − 62
12 952 − 92
13 706 − 516
14 470 − 380
15 688 − 209

S. 70 a, Nr. 16

```
  612
- 395
   11
  217 ✓
```

5 + 7 = 12 schreibe 7, übertrage 1
10 + 1 = 11 schreibe 1, übertrage 1
4 + 2 = 6 schreibe 2

Addiere zur Kontrolle von unten nach oben.

16 612 − 395
17 457 − 291
18 924 − 768
19 765 − 439
20 538 − 187
21 921 − 476
22 372 − 146
23 800 − 382
24 555 − 367
25 367 − 308
26 900 − 797
27 816 − 689
28 633 − 157
29 407 − 326
30 830 − 367
31 900 − 854
32 620 − 167
33 855 − 699
34 311 − 73
35 903 − 534

Ergänze die fehlenden Zahlen.

36 □□□ − 423 = 215
37 □□□ − 812 = 162
38 □□□ − 135 = 402
39 726 − □□□ = 111
40 946 − □□□ = 713
41 1000 − □□□ = 627
42 1000 − □□□ = 409
43 □□□ − 265 = 100
44 □□□ − 384 = 162
45 □42 − 2□□ = 414

46 Familie Schnurr nahm zum Großeinkauf 650 € mit. Sie bezahlte 483 €.

47 Herr Helm fährt auf seiner zweitägigen Geschäftsreise insgesamt 763 km. Am 1. Tag fährt er 389 km.

48 Stuttgart-Hamburg: Luftlinie 576 km, Autobahn 692 km.

49 Christine hat 9,28 € dabei. Sie kauft ein Taschenbuch für 4,79 € und Hefte für 2,49 €.

Beilage 1: Tausenderstreifen – Zahlen von 1 bis 600

1	2	3	4	5	6	7	8	9	10
11	12	13	14	15	16	17	18	19	20
21	22	23	24	25	26	27	28	29	30
31	32	33	34	35	36	37	38	39	40
41	42	43	44	45	46	47	48	49	50
51	52	53	54	55	56	57	58	59	60
61	62	63	64	65	66	67	68	69	70
71	72	73	74	75	76	77	78	79	80
81	82	83	84	85	86	87	88	89	90
91	92	93	94	95	96	97	98	99	100
101	102	103	104	105	106	107	108	109	110
111	112	113	114	115	116	117	118	119	120
121	122	123	124	125	126	127	128	129	130
131	132	133	134	135	136	137	138	139	140
141	142	143	144	145	146	147	148	149	150
151	152	153	154	155	156	157	158	159	160
161	162	163	164	165	166	167	168	169	170
171	172	173	174	175	176	177	178	179	180
181	182	183	184	185	186	187	188	189	190
191	192	193	194	195	196	197	198	199	200
201	202	203	204	205	206	207	208	209	210
211	212	213	214	215	216	217	218	219	220
221	222	223	224	225	226	227	228	229	230
231	232	233	234	235	236	237	238	239	240
241	242	243	244	245	246	247	248	249	250
251	252	253	254	255	256	257	258	259	260
261	262	263	264	265	266	267	268	269	270
271	272	273	274	275	276	277	278	279	280
281	282	283	284	285	286	287	288	289	290
291	292	293	294	295	296	297	298	299	300

Hier ankleben!

301	302	303	304	305	306	307	308	309	310
311	312	313	314	315	316	317	318	319	320
321	322	323	324	325	326	327	328	329	330
331	332	333	334	335	336	337	338	339	340
341	342	343	344	345	346	347	348	349	350
351	352	353	354	355	356	357	358	359	360
361	362	363	364	365	366	367	368	369	370
371	372	373	374	375	376	377	378	379	380
381	382	383	384	385	386	387	388	389	390
391	392	393	394	395	396	397	398	399	400
401	402	403	404	405	406	407	408	409	410
411	412	413	414	415	416	417	418	419	420
421	422	423	424	425	426	427	428	429	430
431	432	433	434	435	436	437	438	439	440
441	442	443	444	445	446	447	448	449	450
451	452	453	454	455	456	457	458	459	460
461	462	463	464	465	466	467	468	469	470
471	472	473	474	475	476	477	478	479	480
481	482	483	484	485	486	487	488	489	490
491	492	493	494	495	496	497	498	499	500
501	502	503	504	505	506	507	508	509	510
511	512	513	514	515	516	517	518	519	520
521	522	523	524	525	526	527	528	529	530
531	532	533	534	535	536	537	538	539	540
541	542	543	544	545	546	547	548	549	550
551	552	553	554	555	556	557	558	559	560
561	562	563	564	565	566	567	568	569	570
571	572	573	574	575	576	577	578	579	580
581	582	583	584	585	586	587	588	589	590
591	592	593	594	595	596	597	598	599	600

Hier ankleben!

9 783619 352623

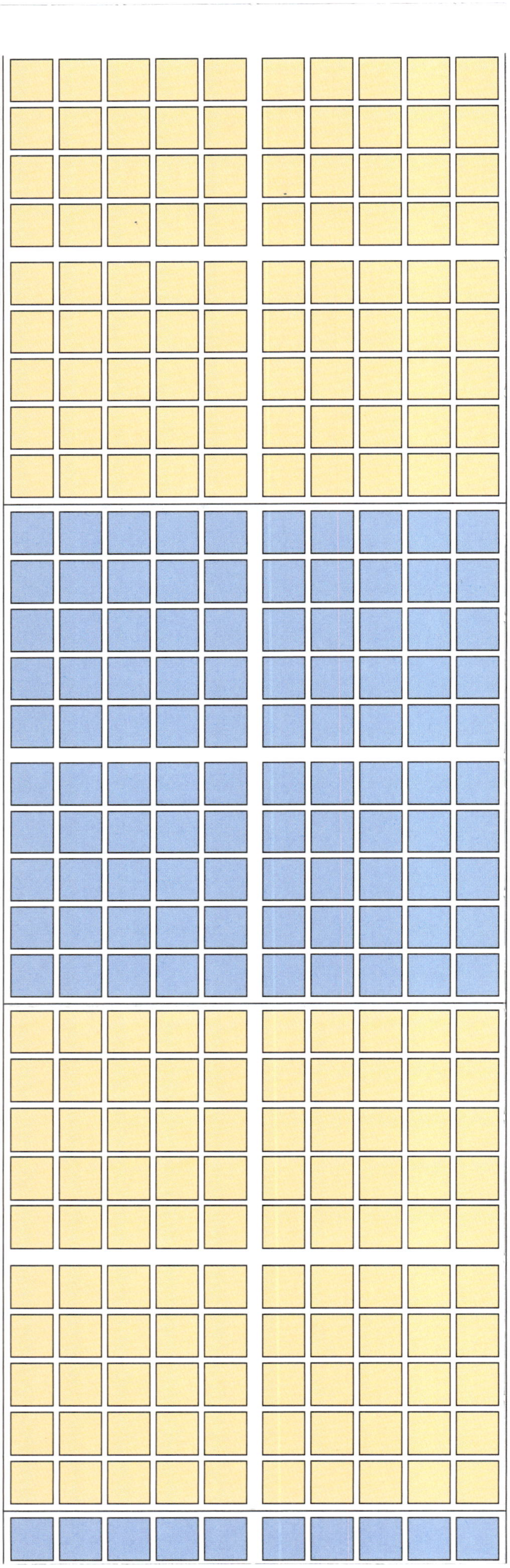

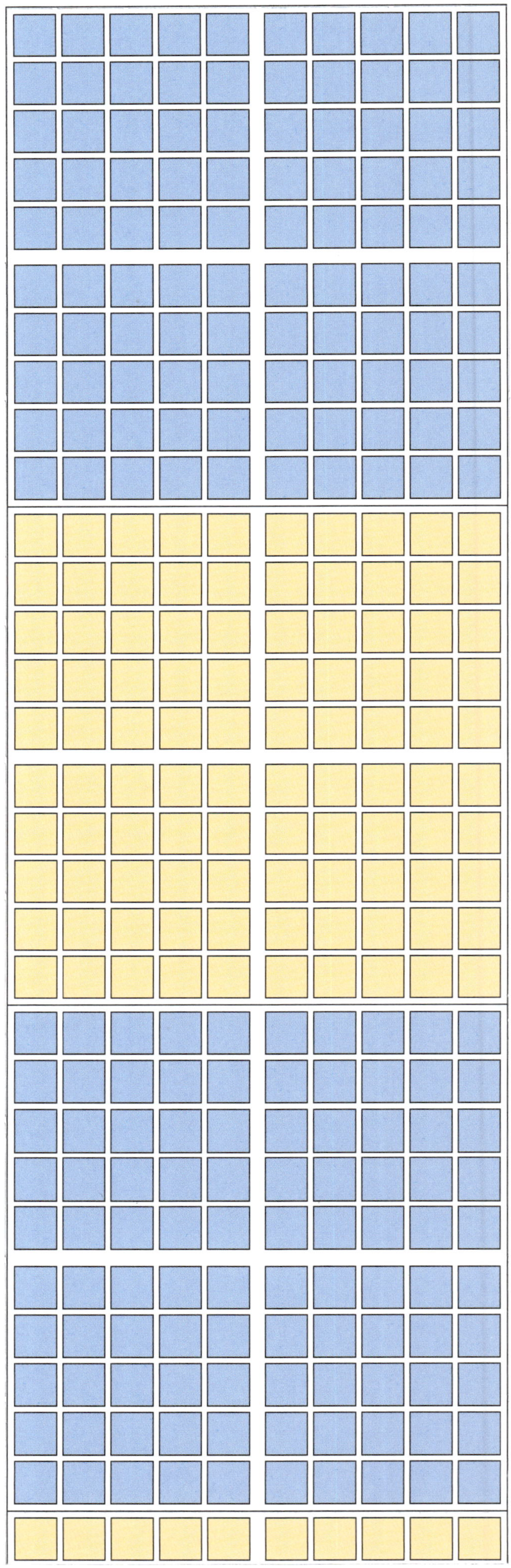

Beilage 2: Tausenderstreifen – Zahlen von 601 bis 1200

601	602	603	604	605	606	607	608	609	610
611	612	613	614	615	616	617	618	619	620
621	622	623	624	625	626	627	628	629	630
631	632	633	634	635	636	637	638	639	640
641	642	643	644	645	646	647	648	649	650
651	652	653	654	655	656	657	658	659	660
661	662	663	664	665	666	667	668	669	670
671	672	673	674	675	676	677	678	679	680
681	682	683	684	685	686	687	688	689	690
691	692	693	694	695	696	697	698	699	700
701	702	703	704	705	706	707	708	709	710
711	712	713	714	715	716	717	718	719	720
721	722	723	724	725	726	727	728	729	730
731	732	733	734	735	736	737	738	739	740
741	742	743	744	745	746	747	748	749	750
751	752	753	754	755	756	757	758	759	760
761	762	763	764	765	766	767	768	769	770
771	772	773	774	775	776	777	778	779	780
781	782	783	784	785	786	787	788	789	790
791	792	793	794	795	796	797	798	799	800
801	802	803	804	805	806	807	808	809	810
811	812	813	814	815	816	817	818	819	820
821	822	823	824	825	826	827	828	829	830
831	832	833	834	835	836	837	838	839	840
841	842	843	844	845	846	847	848	849	850
851	852	853	854	855	856	857	858	859	860
861	862	863	864	865	866	867	868	869	870
871	872	873	874	875	876	877	878	879	880
881	882	883	884	885	886	887	888	889	890
891	892	893	894	895	896	897	898	899	900

Hier ankleben!

901	902	903	904	905	906	907	908	909	910
911	912	913	914	915	916	917	918	919	920
921	922	923	924	925	926	927	928	929	930
931	932	933	934	935	936	937	938	939	940
941	942	943	944	945	946	947	948	949	950
951	952	953	954	955	956	957	958	959	960
961	962	963	964	965	966	967	968	969	970
971	972	973	974	975	976	977	978	979	980
981	982	983	984	985	986	987	988	989	990
991	992	993	994	995	996	997	998	999	1000
1001	1002	1003	1004	1005	1006	1007	1008	1009	1010
1011	1012	1013	1014	1015	1016	1017	1018	1019	1020
1021	1022	1023	1024	1025	1026	1027	1028	1029	1030
1031	1032	1033	1034	1035	1036	1037	1038	1039	1040
1041	1042	1043	1044	1045	1046	1047	1048	1049	1050
1051	1052	1053	1054	1055	1056	1057	1058	1059	1060
1061	1062	1063	1064	1065	1066	1067	1068	1069	1070
1071	1072	1073	1074	1075	1076	1077	1078	1079	1080
1081	1082	1083	1084	1085	1086	1087	1088	1089	1090
1091	1092	1093	1094	1095	1096	1097	1098	1099	1100
1101	1102	1103	1104	1105	1106	1107	1108	1109	1110
1111	1112	1113	1114	1115	1116	1117	1118	1119	1120
1121	1122	1123	1124	1125	1126	1127	1128	1129	1130
1131	1132	1133	1134	1135	1136	1137	1138	1139	1140
1141	1142	1143	1144	1145	1146	1147	1148	1149	1150
1151	1152	1153	1154	1155	1156	1157	1158	1159	1160
1161	1162	1163	1164	1165	1166	1167	1168	1169	1170
1171	1172	1173	1174	1175	1176	1177	1178	1179	1180
1181	1182	1183	1184	1185	1186	1187	1188	1189	1190
1191	1192	1193	1194	1195	1196	1197	1198	1199	1200

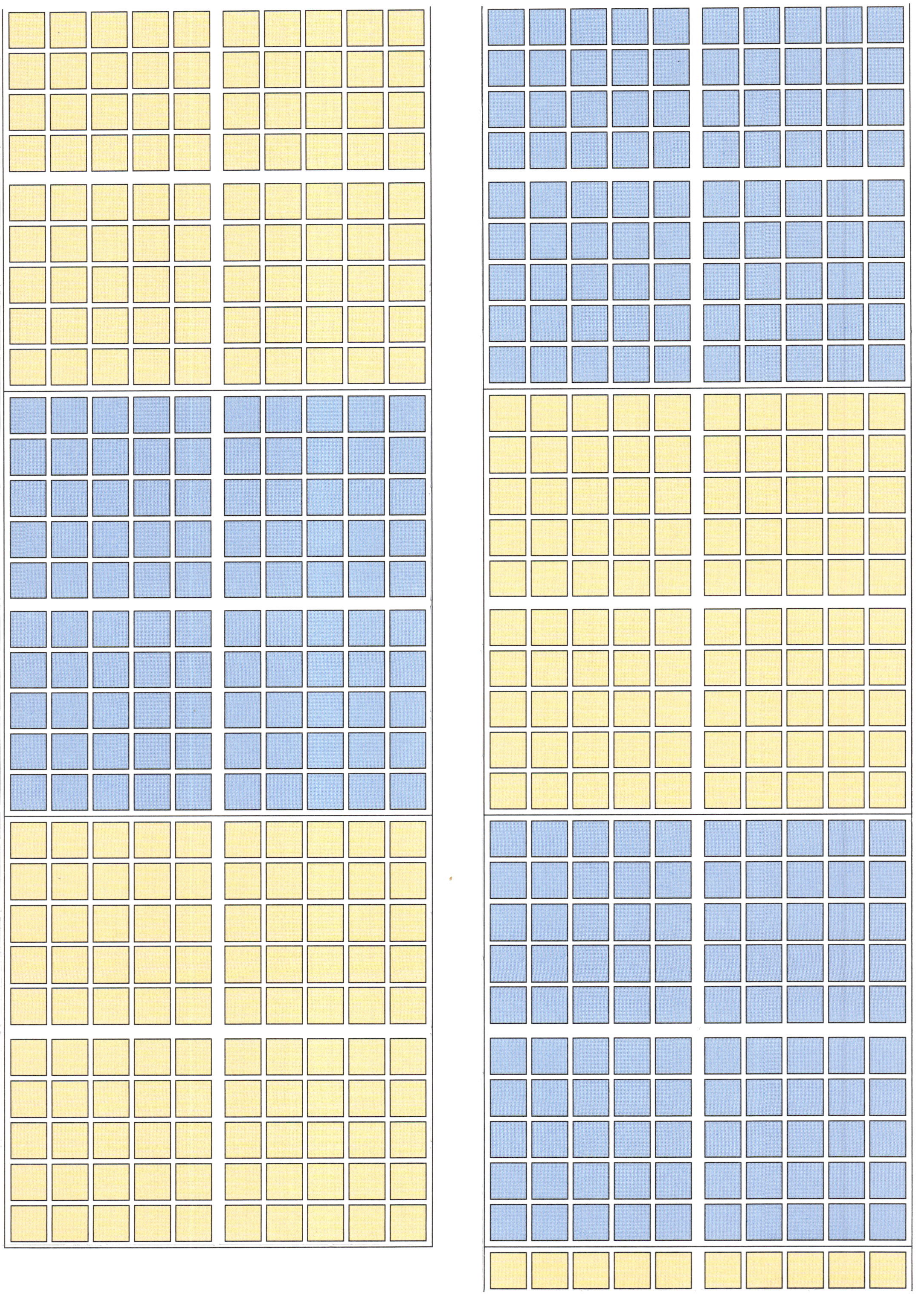

Beilage 3: Kärtchen für Spiel Seite 20, 21

zum nächstgrößeren Hunderter	zum größeren Nachbarhunderter von 762	um 100 weiter	zum nächstgrößeren Hunderter	zum kleineren Nachbarhunderter von 640
zum größeren Nachbarzehner von 627	neunhundert-zehn	um 10 Zehner weiter	um hundert weiter	850
um 50 zurück	Hole beim Lehrer eine Belohnung!	um einen Hunderter weiter	um 50 weiter	7 H 3 Z
zum nächstkleineren Hunderter	zum größeren Nachbar-hunderter	um 5 Zehner weiter	um hundert weiter	sechshundert-siebzig
720	570	um 100 zurück	zum kleineren Nachbarzehner von 532	um 50 weiter
H ⟷ Z	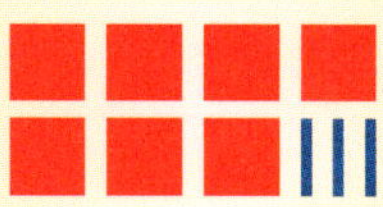	um 50 weiter	Z ⟷ H	um 100 weiter
4 H 2 Z		um 100 weiter	um 80 zurück	zum nächstgrößeren Hunderter

Beilage 4: Zahlenstrahl bis 1000

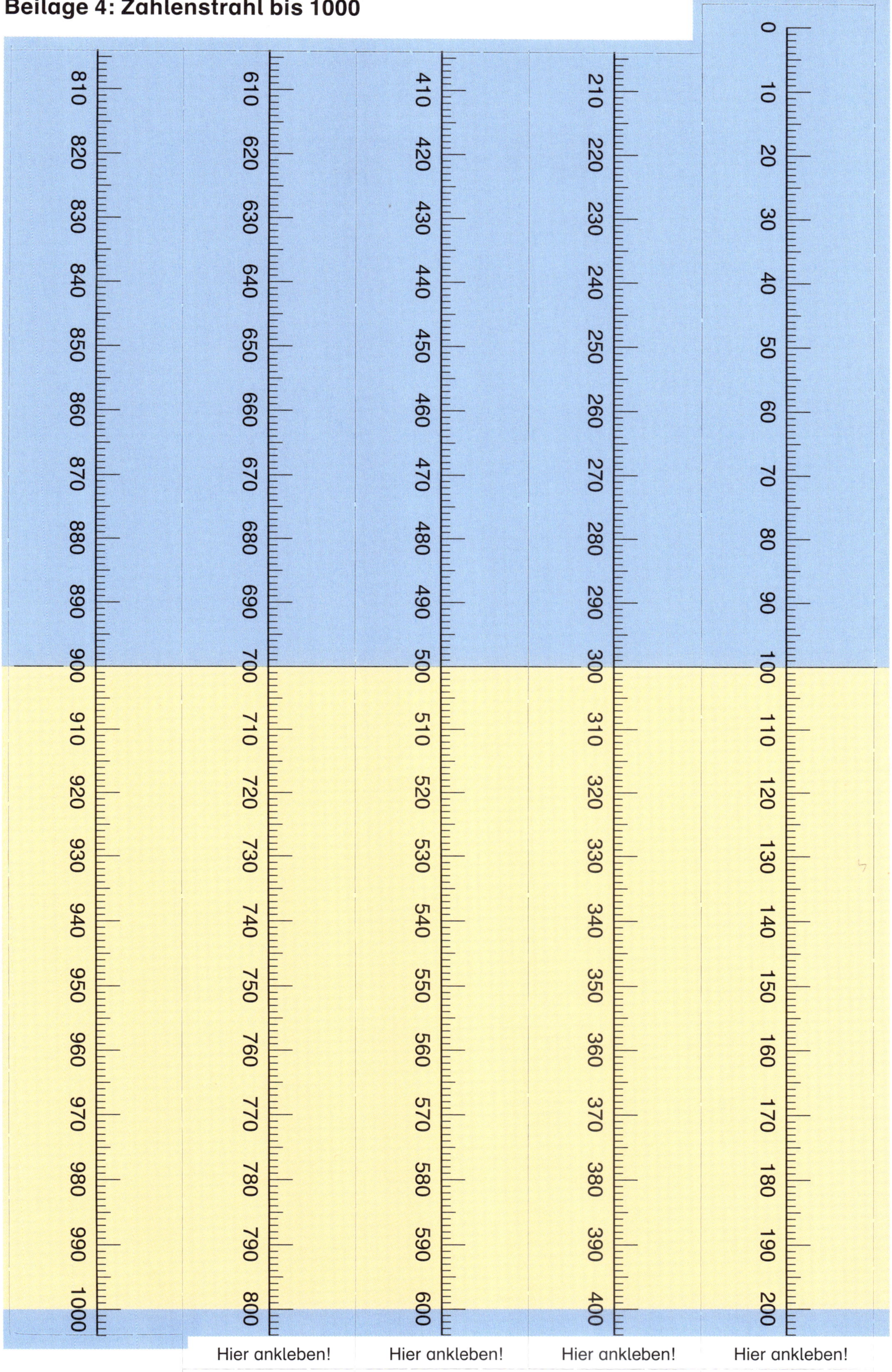

Beilage 5: Spielgeld

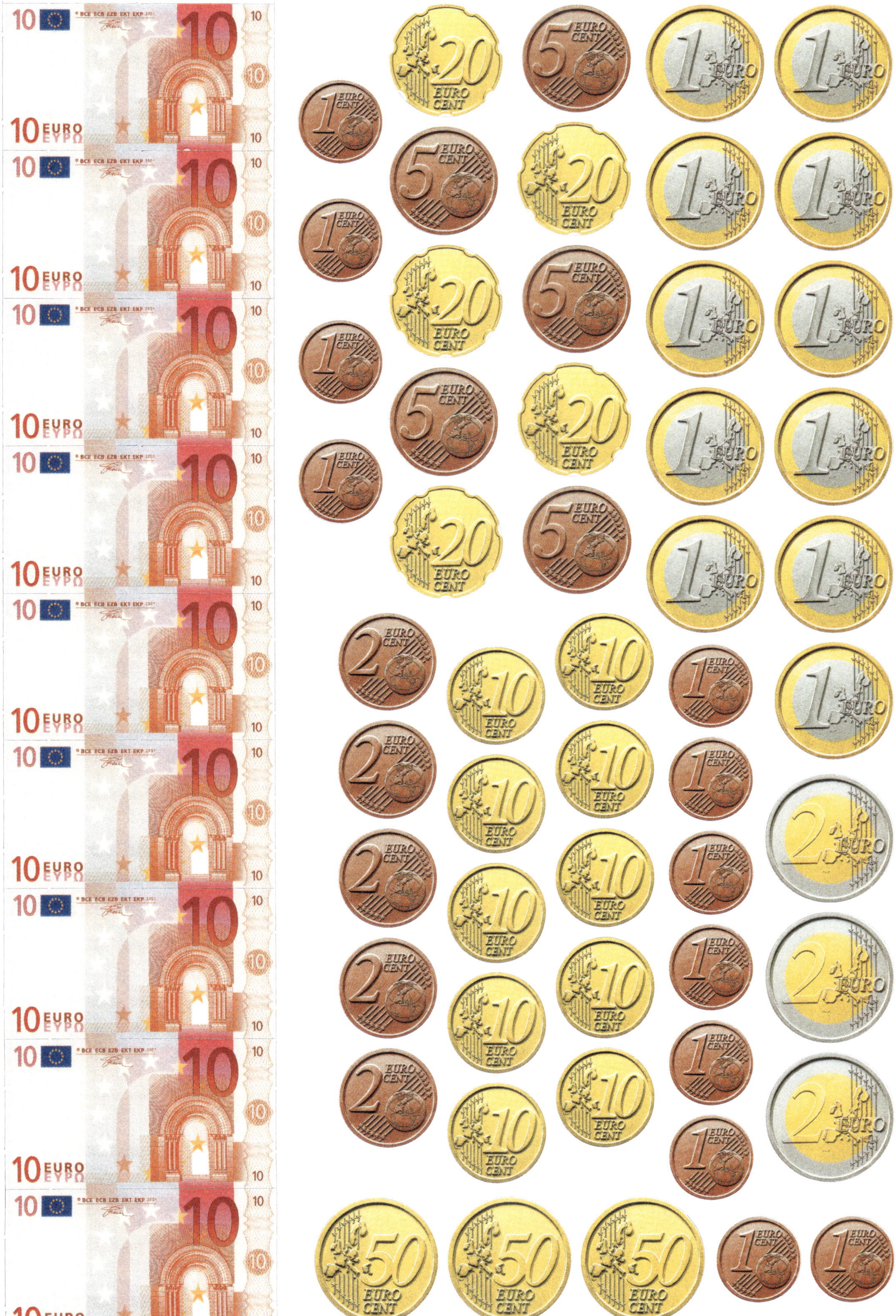

10
10 EURO
2002

Beilage 6: Spielgeld

5 EURO
10 EURO
20 EURO
50 EURO
100 EURO
200 EURO
500 EURO
012345678900

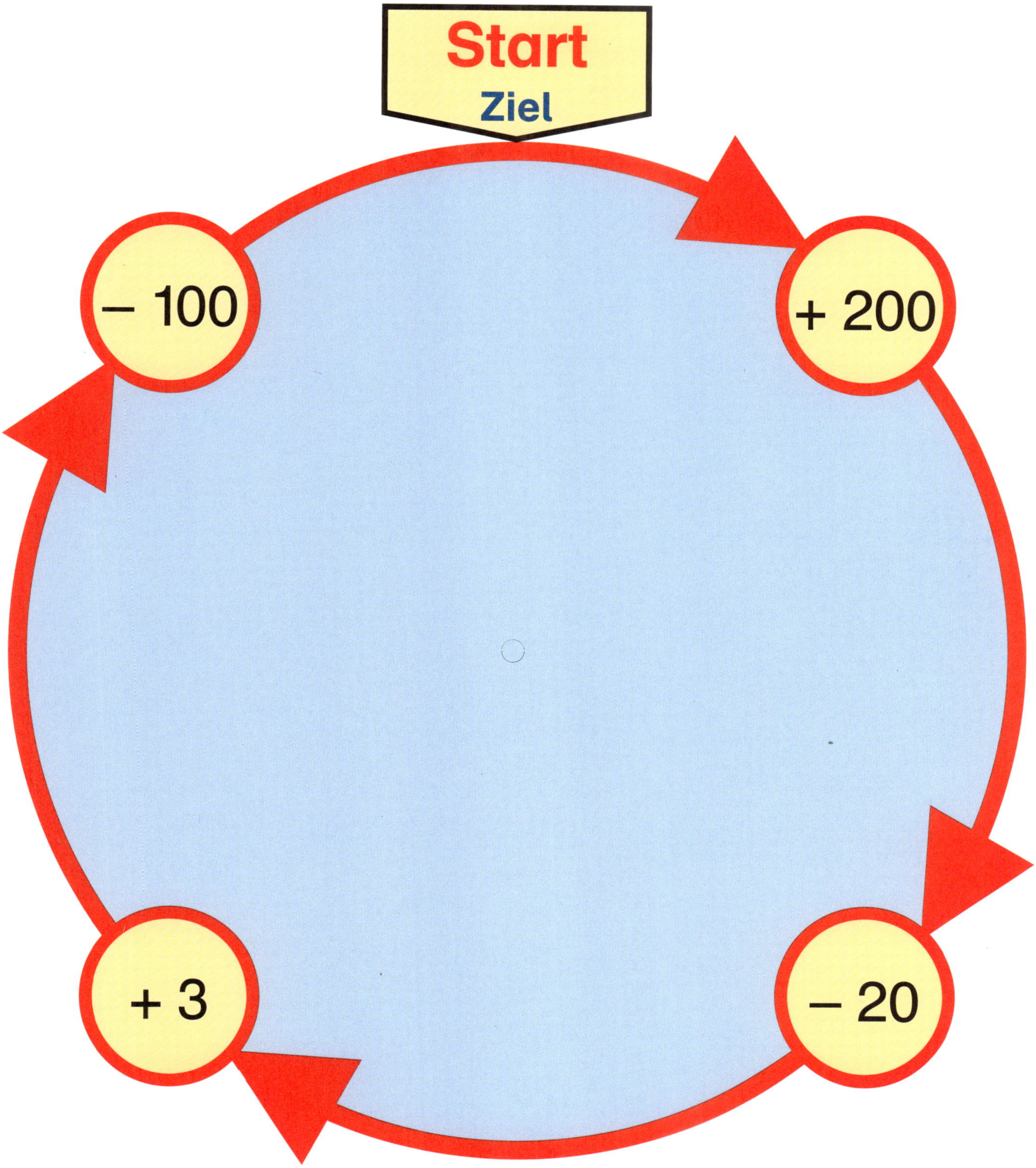

Eine Runde

	21	22	23	24	25	26	27				
Start	500	800	420	710	608	519	407	260	917	380	0
Ziel	583	883	503	793	691	602	490	343	1000	463	?

Zwei Runden

	28	29	30	31	32	33	34				
Start	350	570	238	0	717	523	111	260	834	380	0
Ziel	516	736	404	166	883	689	277	426	1000	546	?

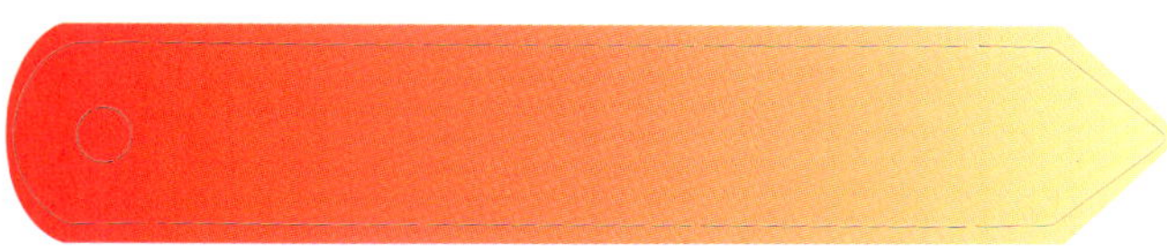

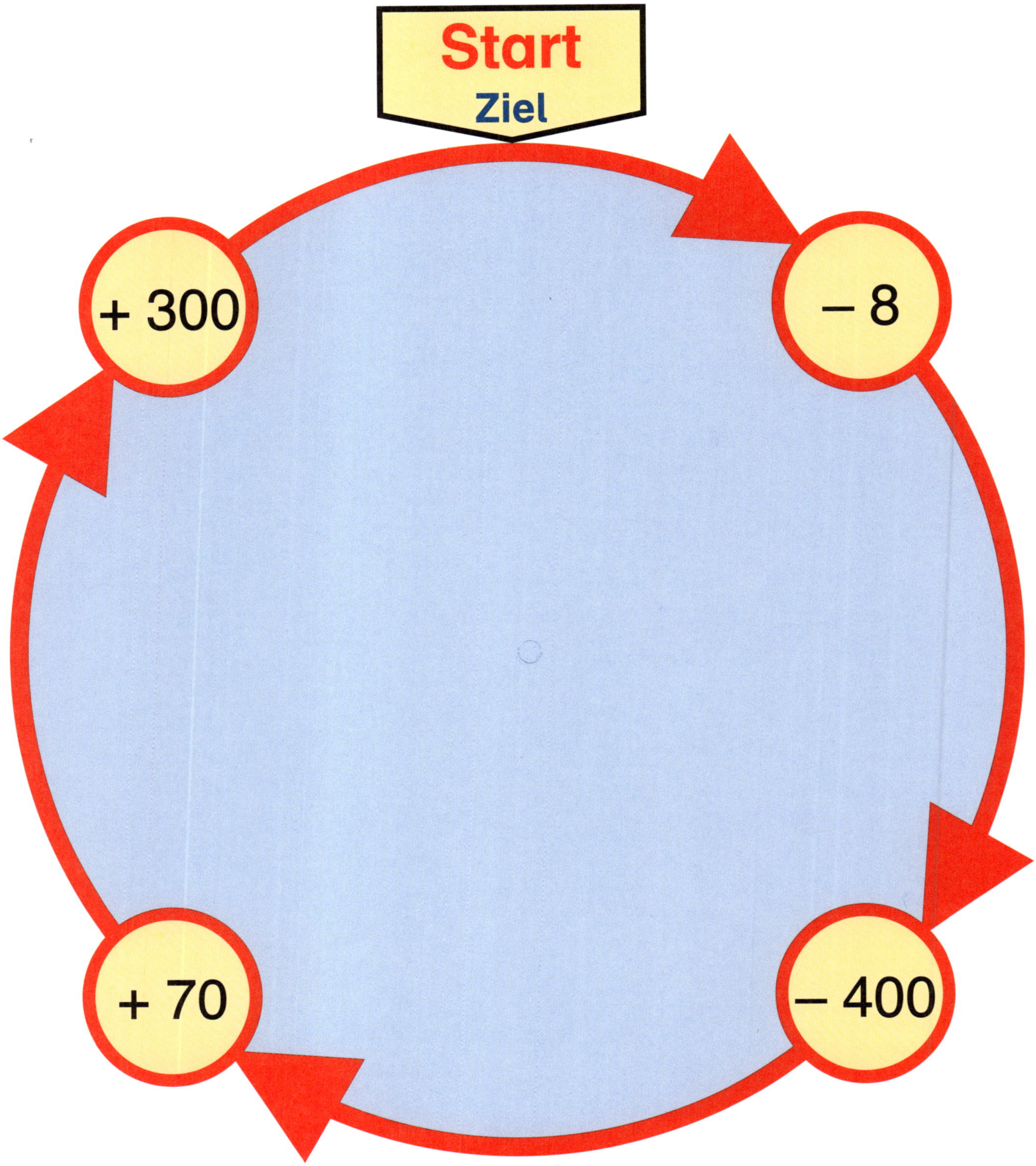

Eine Runde

Start	500	800	420	710	608	519	807	460	917	642	408
Ziel	462	762	382	672	570	481	769	422	879	604	?

Zwei Runden

Start	446	800	920	770	608	719	507	490	917	642	476
Ziel	370	724	844	694	532	643	431	414	841	566	?

Beilage 8: Lernuhr

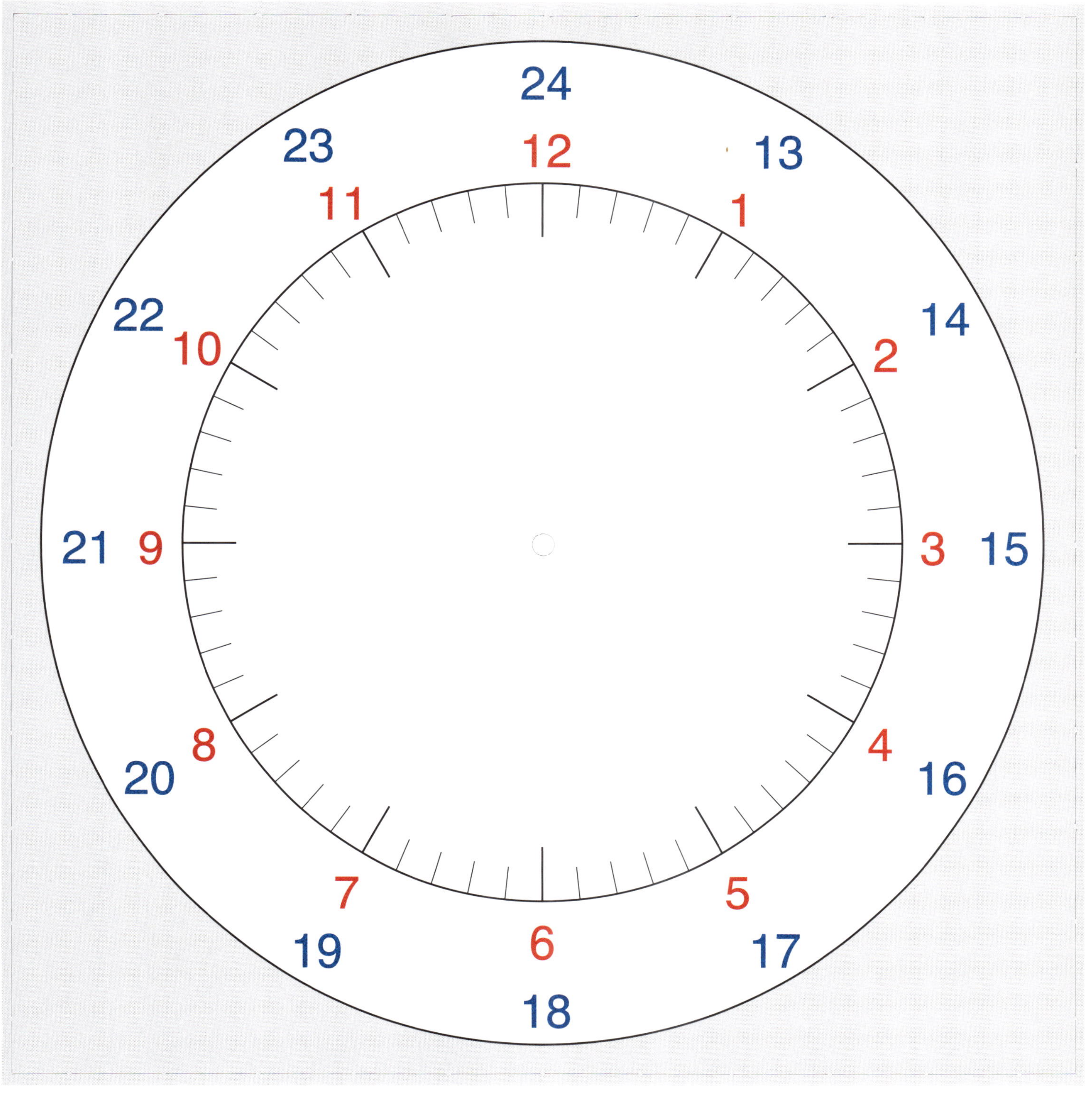

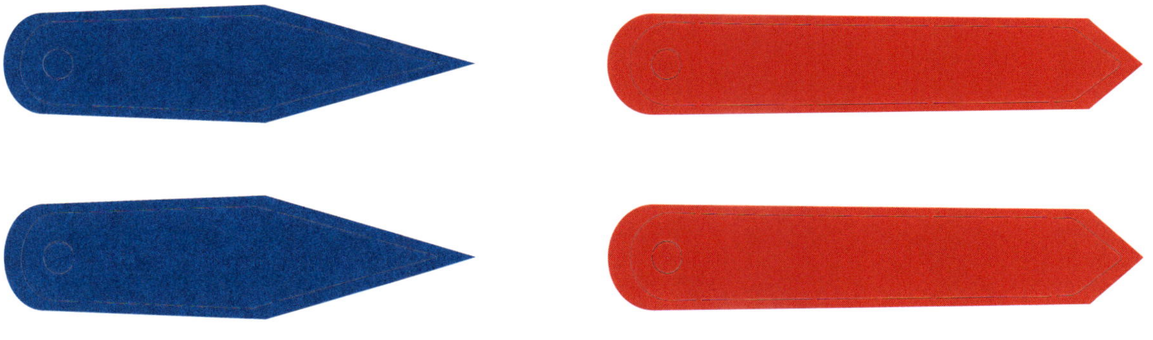

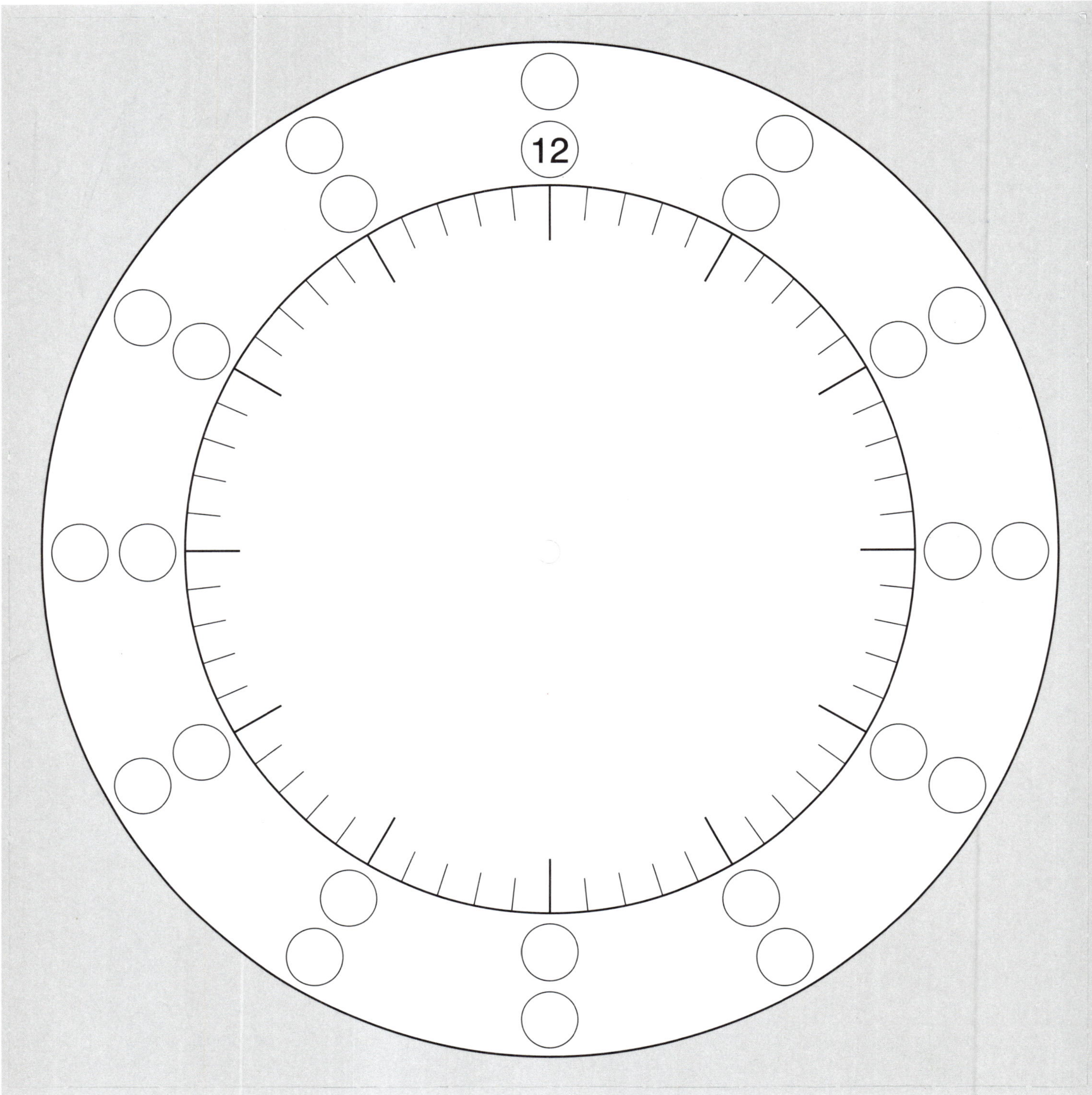
12

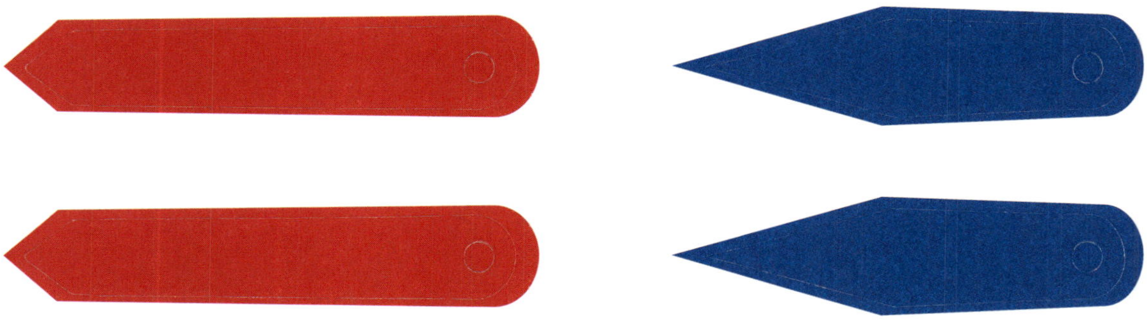

Das Mathebuch 3
Keller-Pfaff

Herausgegeben von
Karl-Heinz Keller und Peter Pfaff

Mildenberger Verlag

Zum Lehrgang „Das Mathebuch 3" gehören:

1. **Schülerbuch, 128 Seiten, mit CD-ROM Mathetiger Basic 3, Internetplattform www.das-mathebuch-3.de/3502-40/** — Bestell-Nr. 3502-40

   und 8 Arbeitsbeilagen

   Beilage 1: Tausenderstreifen – Zahlen von 1 bis 600 (ab Seite 18)
   Beilage 2: Tausenderstreifen – Zahlen von 601 bis 1200 (ab Seite 18)
   Beilage 3: Kärtchen für Spiel (Seite 20, 21)
   Beilage 4: Zahlenstrahl bis 1000 (ab Seite 22)
   Beilage 5: Spielgeld (ab Seite 31)
   Beilage 6: Spielgeld (ab Seite 31)
   Beilage 7: Rechenuhren (ab Seite 35)
   Beilage 8: Lernuhr (ab Seite 78)

   Diese Arbeitsbeilagen können auch gesondert bezogen werden. — Bestell-Nr. 3502-62

2. **Handbuch** für Lehrerinnen und Lehrer (Teil A) — Bestell-Nr. 3502-43

   im Ordner mit Register für alle Teile des Lehrganges,
   Vorschläge für Planung und Organisation,
   Schülerbuch mit Anregungen zur Unterrichtsgestaltung

3. **Handbuch** (Teil B) — Bestell-Nr. 3502-44

   a) 8 **Lernkontrollen** in zwei Formen
   b) **„Zum Weiterarbeiten"** – Kopiervorlagen für Übung, Differenzierung und Freiarbeit
   c) 28 **Spiele** für Übung, Differenzierung und Freiarbeit
   d) **Lösungen** zum Schülerbuch, Arbeitsheft, Übungsheft und zu den Kopiervorlagen „Zum Weiterarbeiten"

   Teil B des Handbuches ist zur Einlage in den Ordner (Teil A) bestimmt.

Zusätzliche Arbeitshilfen

1. **Das Arbeitsheft 3** — Bestell-Nr. 3502-46
2. **Das Übungsheft 3** — Bestell-Nr. 3504-54
3. **Geo-Brett** 15 x 15 cm, 5 x 5 Stifte, transparent — Bestell-Nr. 250-21
4. **Transparentfolien** für den Tageslichtprojektor — Bestell-Nr. 3502-65

Bestell-Nr. 3502-40
ISBN 978-3-619-35240-1

www.mildenberger-verlag.de
E-Mail: info@mildenberger-verlag.de

Auflage 9 8 7 6
Jahr 2011 2010 2009 2011

Alle Drucke dieser Auflage sind unverändert und im Unterricht parallel verwendbar.

Layout und Illustrationen: Assen Münning, 65824 Schwalbach / Taunus
Fotos: Karlheinz Arian Kolster, 79822 Titisee-Neustadt;
außer: siehe Bildquellenverzeichnis
Druck: Firmengruppe APPL, aprinta druck, Wemding

Gedruckt auf umweltfreundlichen Papieren

Bezugsmöglichkeiten
Alle Titel des Mildenberger Verlags erhalten Sie unter: www.mildenberger-verlag.de oder im Buchhandel. Jede Buchhandlung kann alle Titel direkt über den Mildenberger Verlag beziehen. Ausnahmen kann es bei Titeln mit Lösungen geben: Hinweise hierzu finden Sie in unserem aktuellen Gesamtprogramm.

Bildquellenverzeichnis
OKAPIA KG: S. 76, Indischer Elefant: © Horst-Jürgen Schunk; S. 79, Gartenkreuzspinne, © Jürgen Vogt;
Bavaria Bildagentur: S. 37, Steinerne Brücke: © S. Bohnacker; S. 46, Sphinx und Pyramide: © VCP; S. 76, Krokodil: © Spectrum; S. 76, Flachlandgorilla: © Weimann; S. 82, Zweistufen-Saturn IB-Rakete: © NASA; S. 85, Dresden Ausflugsschiff: © Messerschmidt;
Superbild: S. 76, Vogel Strauß: © Eric Bach; S. 85, Berlin: © G. Gräfenhain; S. 85, Ulmer Münster: © G. Gräfenhain; S. 101, Autobahn: © Eric Bach;
akg-images: S. 42, Klosterkirche Maria Laach: © Stefan Drechsel; Fensterrose Straßburger Münster: © Hedda Eid;
S. 114 und 115, Bodenseeschiffe: © ***BSB*** Bodensee-Schiffsbetriebe GmbH

① Beschreibe die Lage der Schule, der Kirche und des Kaufhauses. Verwende dazu die Ausdrücke rechts von, links von, neben, hinter, vor, zwischen.

② Beschreibe den Weg vom Tor zur Schule. Verwende dabei die Ausdrücke nach rechts, nach links, geradeaus.

③ Laura wohnt in der Waldstraße 1. Beschreibe ihren Schulweg.

④ Daniel beschreibt seinen Schulweg so: „Vor unserer Haustür wende ich mich nach links, gehe geradeaus am Haus Nr. 3 vorbei bis zur Torstraße, überquere die Torstraße und gehe geradeaus weiter bis zur Seestraße. Dort wende ich mich nach links. Nach wenigen Schritten überquere ich die Seestraße. Nun stehe ich vor dem Haupteingang der Schule." Wo wohnt Daniel?

Annas Schulweg

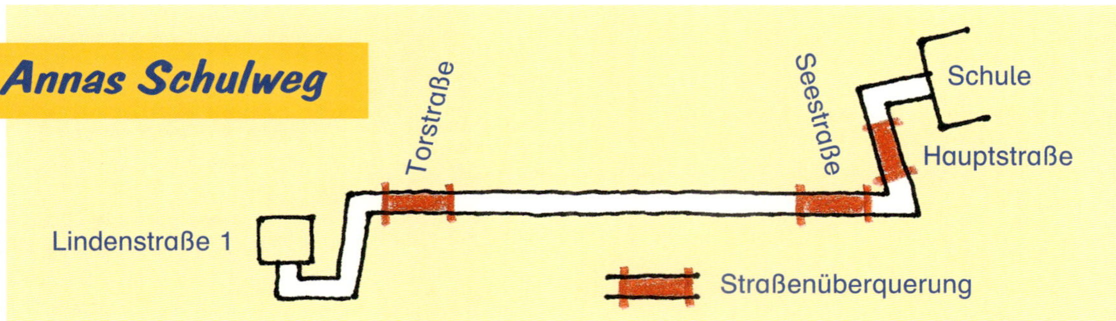

⑤ Anna hat ihren Schulweg skizziert. Zeige den Schulweg auf dem Plan und beschreibe ihn.

⑥ Skizziere deinen Schulweg und beschreibe ihn mit Worten.

S. 4, Nr. 1

7 + 7 + 7 + 7 = 28

4 · 7 = 28

Schreibe zu jedem Bild eine Plus- und eine Malaufgabe. Geht das immer?

(1)

(2)

Der Lkw fährt 7-mal.

(3)

(4)

(5)

Nena geht 5-mal.

(6)

(7)

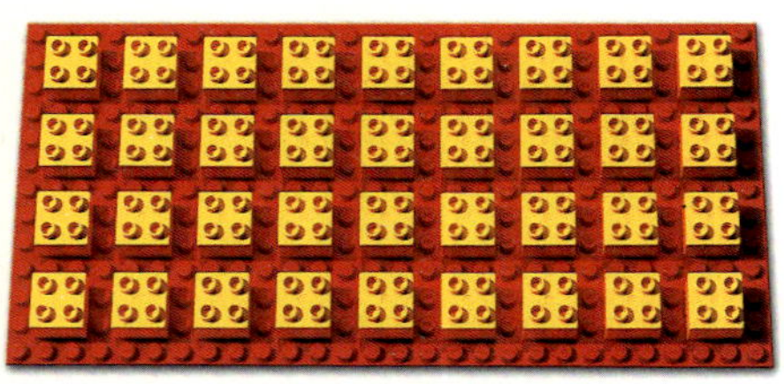

(8)

(9)

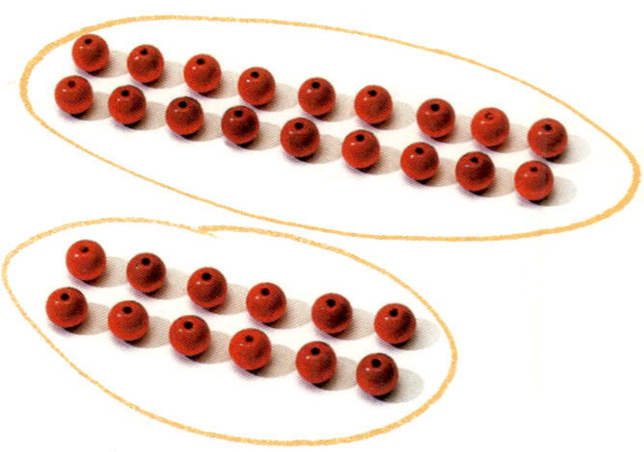

Male zu jeder der folgenden Aufgaben ein passendes Bild.

(10) 8 · 5 (11) 9 · 6 (12) 4 · 7 (13) 6 · 8 (14) 6 · 9 (15) 3 · 12 (16) 4 · 20

6er: 6 12 18 24
⊕ 2er: 2 4 6
8er: 8

10er: 10 20 30
○ □er:
9er: 9

□er:
○ □er:
7er: 7 14

17 Schreibe 1·1-Reihen untereinander. Addiere oder subtrahiere. Was stellst du fest?

18 Addiere oder subtrahiere 1·1-Reihen so, dass jeweils die 7er-Reihe entsteht.

19 Addiere zur 10er-Reihe andere 1·1-Reihen. Welche Reihen entstehen?

2·7 = 140
20·7 =
10·7 = 70 + 28 = 98
14·7 =

Wochen	1	2	4	8	5	10	20	3	6	9	7	14			
Tage	7														

1 Berechne die fehlenden Zahlen. Ergänze durch weitere Aufgaben.

S.5, Nr. 2

3 · 7 = 21 ✓

Die Osterferien dauern 21 Tage.

✓ heißt: Ich habe kontrolliert. Es stimmt!

Wie viele Tage?

(2) Osterferien: 3 Wochen
(3) Sommerferien: 6 Wochen
(4) Vaters Urlaub: 5 Wochen
(5) Ferien zusammen: 11 Wochen
(6) Sommer: 13 Wochen
(7) 1 Jahr: 52 Wochen
(8) Nora war 2 Wochen und 4 Tage krank.
(9) Jan war 3 Wochen und 5 Tage krank.
(10) Lea hatte 6 Wochen und 2 Tage Ferien.
(11) Noch 14 Wochen und 2 Tage bis Weihnachten.
(12) Frau Rulli macht 6 Wochen Urlaub am Starnberger See. Im Jahr bekommt Frau Rulli 25 Tage Urlaub.

Rechne geschickt. Denke an die Tauschaufgabe.

(13) 5 · 9	(15) 4 · 9	(17) 3 · 9	(19) 2 · 9	(21) 7 · 9
(14) 1 · 9	(16) 8 · 9	(18) 6 · 9	(20) 10 · 9	(22) 9 · 9

Beim Lösen dieser Aufgaben helfen dir Umkehr- und Tauschaufgaben.
Beispiel: 28 : 7 = 4   4 · 7 = 28

(23)	(24)	(25)	(26)	(27)
▢ : 7 = 4	▢ · 7 = 56	21 : ▢ = 7	▢ · 9 = 36	45 : ▢ = 9
▢ : 7 = 6	▢ · 7 = 0	63 : ▢ = 7	▢ · 9 = 90	72 : ▢ = 9
▢ : 7 = 8	▢ · 7 = 42	49 : ▢ = 7	▢ · 9 = 18	27 : ▢ = 9
▢ : 7 = 3	▢ · 7 = 21	14 : ▢ = 7	▢ · 9 = 63	54 : ▢ = 9
▢ : 7 = 0	▢ · 7 = 63	35 : ▢ = 7	▢ · 9 = 0	90 : ▢ = 9
▢ : 7 = 7	▢ · 7 = 35	56 : ▢ = 7	▢ · 9 = 81	9 : ▢ = 9
▢ : 7 = 1	▢ · 7 = 70	28 : ▢ = 7	▢ · 9 = 27	63 : ▢ = 9

•	0	1	2	3	4	5	6	7	8	9	10
0	0	0	0	0	0	0	0	0	0	0	0
1	0	1	2	3	4	5	6	7	8	9	10
2	0	2	4	6	8	10	12	14	16	18	20
3	0	3	6	9	12	15	18	21	24	27	30
4	0	4	8	12	16	20	24	28	32	36	40
5	0	5	10	15	20	25	30	35	40	45	50
6	0	6	12	18	24	30	36	42	48	54	60
7	0	7	14	21	28	35	42	49	56	63	70
8	0	8	16	24	32	40	48	56	64	72	80
9	0	9	18	27	36	45	54	63	72	81	90
10	0	10	20	30	40	50	60	70	80	90	100

(1) Zeige und lies in der Tabelle die Zahlen einiger 1·1-Reihen.

(2) Lies und zeige Malaufgaben mit ihren Tauschaufgaben.

(3) Zeige und nenne zu Zahlen aus der Tabelle jeweils zwei Malaufgaben und zwei Geteiltaufgaben.

Beispiel zu 24:

$3 \cdot 8 = 24$ $\quad$ $8 \cdot 3 = 24$

$24 : 3 = 8$ $\quad$ $24 : 8 = 3$

(4) Die Zahlen 12, 24 und 40 kommen in der Tabelle mehrmals vor. Suche sie und schreibe die Malaufgaben auf.

5 Trage die 1·1-Reihen, die du noch nicht so gut kannst, in eine Tabelle ein.

6 Färbe in einem Hunderterquadrat die 7er-Zahlen gelb, die 8er-Zahlen rot, die 9er-Zahlen blau. Was fällt auf?

Schreibe zu jeder der folgenden Zahlen möglichst viele Mal- und Geteiltaufgaben auf.

(7) 14 (8) 35 (9) 16 (10) 60 (11) 25 (12) 0 (13) 70 (14) 15 (15) 7 (16) 45

(17) Zu neun Zahlen aus der Einmaleins-Tabelle gibt es vier Mal- und vier Geteiltaufgaben. Suche diese Zahlen und schreibe jeweils die acht Aufgaben auf.

(18) Vergleiche die verschiedenen Einmaleinssätze einer Zahl. Was fällt an den Zahlen auf? Versuche eine Regel zu finden.

Suche mit deinem Partner zu jeder Aufgabe zuerst eine passende Frage.

1. Petra verteilt 15 Steckwürfel an 3 Kinder.
2. 4 Kinder spielen Karten. Sie verteilen 28 Karten gleichmäßig.
3. Frau Blum bildet aus 18 Schülern 2 Gruppen.
4. Klaus baut aus 24 Steckwürfeln 3 gleich hohe Türme.
5. Anna verpackt 30 Flaschen in 6 Kartons.
6. Jens nimmt auf eine Freizeit 56 € mit. Die Freizeit dauert 8 Tage.
7. Iris hat 35 Nelken. Sie steckt immer 7 in eine Vase.
8. Klaus hatte 30 Murmeln. Er hat alle verloren. Nun will Klaus die Murmeln an seine 3 Freunde verteilen.
9. 42 Nelken sollen gleichmäßig auf mehrere Vasen verteilt werden. In jeder Vase sollen mindestens 2 Nelken stecken. (6 Möglichkeiten)
10. 36 € sollen gleichmäßig verteilt werden. Suche alle Möglichkeiten.

Schreibe zu jeder Aufgabe die Umkehraufgabe als Kontrolle.
Beispiel: 70 : 7 = 10 10 · 7 = 70

11	12	13	14	15	16
70 : 7	90 : 9	0 : 3	0 : 4	0 : 6	0 : 8
63 : 7	81 : 9	3 : 3	4 : 4	6 : 6	8 : 8
56 : 7	72 : 9	6 : 3	8 : 4	12 : 6	16 : 8
bis	bis	bis	bis	bis	bis
0 : 7	0 : 9	30 : 3	40 : 4	60 : 6	80 : 8

Rechne so weit du kannst. Fertig, los!

17	18	19	20	21	22	23
2 · 1	2 · 7	15 + 6	100 – 8	0 : 9	20 : 2	13 + 5
2 · 3	4 · 7	15 + 12	100 – 16	9 : 9	24 : 2	26 + ▢
2 · 5	6 · 7	15 + 18	100 – 24	18 : 9	28 : 2	?
2 · 7	8 · 7	15 + 24	100 – 32	27 : 9	32 : 2	
…	…	…	…	…	…	…

24. Erfinde weitere Aufgabenreihen zum Weiterrechnen. Fertig, los!

S. 8, Nr. 1

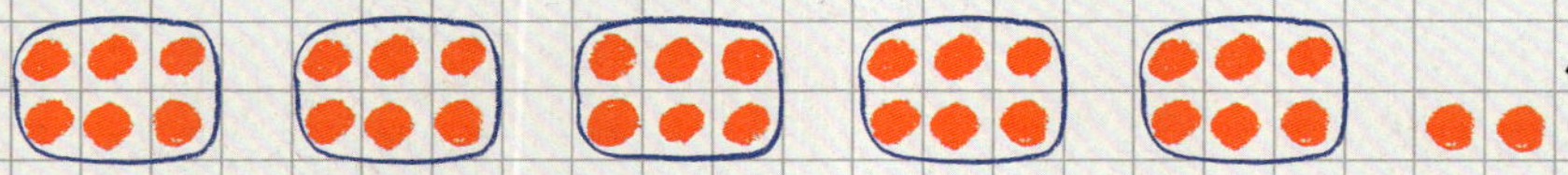

32 : 6 = 5 Rest 2 ✓ K: 5 · 6 + 2 = 32

Es gibt 5 Fahrten mit je 6 Personen.

2 Personen fahren mit der 6. Gondel.

①

32 Personen warten.

②

15 Personen warten.

③

25 Zitronen werden verpackt.

④

Isabell klebt 35 Fotos auf.

⑤

40 Eier werden verpackt.

⑥

Holger bezahlt jeden Monat 4 Euro.

⑦

45 Autos werden transportiert.

⑧

54-€-Münzen
werden in 10er-Stapeln geordnet.

S.9, Nr. 1

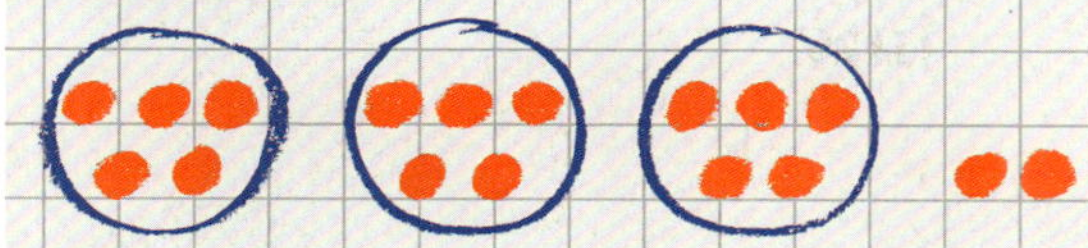

17 : 3 = 5 R 2 ✓   K: 3 · 5 + 2 = 17

a) Jedes Kind bekommt 5 Kastanien.

b) 2 Kastanien bleiben übrig.

Überlege bei jeder Aufgabe, was mit dem Rest geschehen könnte.

① Ilse möchte 17 Kastanien an 3 Kinder verteilen.
a) Wie viele Kastanien bekommt jedes Kind?
b) Wie viele Kastanien bleiben übrig?

② Frau Müller möchte 26 Eier in 6er-Schachteln verpacken.
a) Wie viele Schachteln werden gefüllt?
b) Wie viele Eier bleiben übrig?

③ Anton möchte 25 Kekse auf 6 Teller verteilen.
a) Wie viele Kekse sind auf jedem Teller?
b) Wie viele Kekse sind übrig?

④ Ali möchte aus 25 Steckwürfeln 4 gleich hohe Türme bauen.
a) Wie viele Steckwürfel sind in jedem Turm?
b) Wie viele Steckwürfel bleiben übrig?

⑤ Ali möchte aus 25 Steckwürfeln lauter 4er-Türme bauen.
a) Wie viele Türme gibt es?
b) Wie viele Steckwürfel bleiben übrig?

⑥ Die Sportlehrerin möchte aus 27 Kindern 4 Gruppen bilden. Wie könnte sie das machen? Suche mehrere Möglichkeiten.

S.9, Nr. 7

10 : 2 = 5

11 : 2 = 5 R 1

12 : 2 = 6

...

Rechne jeweils mindestens 10 Aufgaben.

⑦	⑧	⑨	⑩	⑪	⑫
10 : 2	15 : 3	40 : 8	42 : 7	45 : 9	30 : 6
11 : 2	16 : 3	41 : 8	43 : 7	46 : 9	31 : 6
12 : 2	17 : 3	42 : 8	44 : 7	47 : 9	32 : 6
…	…	…	…	…	…

1	2	3	4	5	6	7	8	9	10
11	12	13	14	15	16	17	18	19	20
21	22	23	24	25	26	27	28	29	30
31	32	33	34	35	36	37	38	39	40
41	42	43	44	45	46	47	48	49	50
51	52	53	54	55	56	57	58	59	60
61	62	63	64	65	66	67	68	69	70
71	72	73	74	75	76	77	78	79	80
81	82	83	84	85	86	87	88	89	90
91	92	93	94	95	96	97	98	99	100

Zeige im Hunderterquadrat. Rechne.

(1) 6 + 3, 16 + 3, 26 + 3, …
(2) 2 + 7, 12 + 7, 22 + 7, …
(3) 3 + 10, 13 + 10, 23 + 10, …
(4) 5 + 30, 15 + 30, 25 + 30, …
(5) 4 + 12, 14 + 12, 24 + 12, …
(6) 7 + 23, 17 + 23, 27 + 23, …

(7) 7 – 3, 17 – 3, 27 – 3, …
(8) 9 – 6, 19 – 6, 29 – 6, …
(9) 14 – 10, 24 – 10, 34 – 10, …
(10) 45 – 40, 55 – 40, 65 – 40, …
(11) 26 – 25, 36 – 25, 46 – 25, …
(12) 18 – 13, 28 – 13, 38 – 13, …

Mein Rechenweg ?

38 + 25 = 63 ✓
38 + 20 = 58
58 + 5 = 63
K: 63, 43, 38

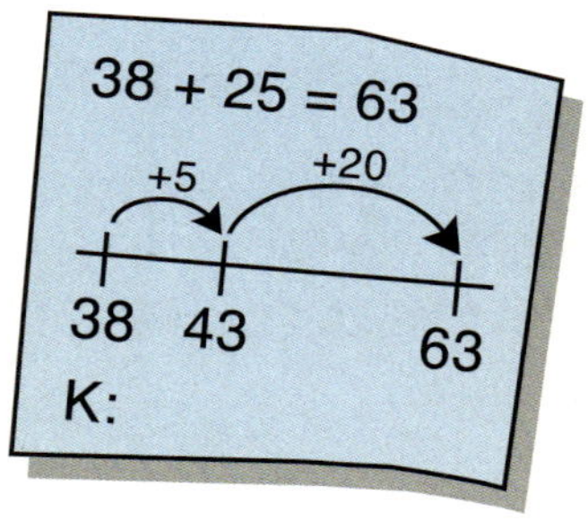

38 + 25 = 63
40, 65, 63
K:

Suche deinen Rechenweg. Vergiss die Kontrolle nicht.

(13) 38 + 25
(14) 49 + 33
(15) 24 + 46
(16) 78 + 13
(17) 57 + 26
(18) 73 + 27
(19) 19 + 64
(20) 26 + 68
(21) 61 + 39
(22) 43 + 28
(23) 13 + 59
(24) 28 + 47
(25) 18 + 35 + 12 + 5
(26) 24 + 16 + 40 + 8
(27) 39 + 20 + 11 + 9

(28) Sprecht in der Rechenkonferenz über eure Erfahrungen mit den verschiedenen Rechenwegen.

Rechne so weit du kannst. Fertig, los!

(29) 50 + 10, 50 + 15, 50 + 20, 50 + 25, …
(30) 10 – 2, 20 – 4, 30 – 6, 40 – 8, …
(31) 9 · 1, 9 · 2, 9 · 4, 9 · 8, …
(32) 60 : 6, 66 : 6, 72 : 6, 78 : 6, …
(33) 10 + □ = 100, 15 + □ = 99, 20 + □ = 98, 25 + □ = 97, …
(34) 50 : 5, ~~14 – 93~~, 93 – 14, 0 · 23, …

Mein Rechenweg ?

82 – 25 = 57 ✓
82 – 20 = 62
62 – 5 = 57
K: 57, 77, 82

82 – 25 = 57
82, 62, 57
K:

82 – 25 = 57

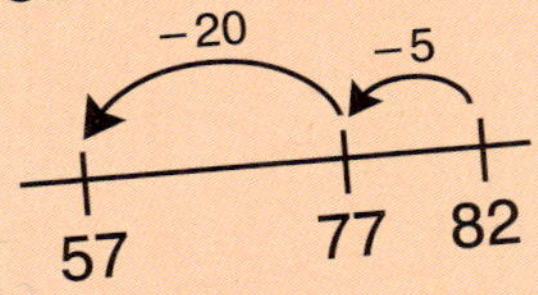

K:

Versuche einen eigenen Rechenweg zu finden.
Vergiss die Kontrolle nicht.

① 82 – 25	⑤ 69 – 17	⑨ 93 – 54	⑬ 35 – 28
② 77 – 34	⑥ 90 – 66	⑩ 74 – 46	⑭ 100 – 39
③ 53 – 40	⑦ 71 – 38	⑪ 43 – 28	⑮ 71 – 46
④ 80 – 59	⑧ 50 – 49	⑫ 62 – 34	⑯ 62 – 59

⑰ Sprecht in der Rechenkonferenz über eure Erfahrungen mit den verschiedenen Rechenwegen.

Zu jeder Aufgabe: Frage, Rechnung, Kontrolle, Antwort.

⑱ Der Elefant Jumbo ist 38 Jahre alt. Seine Mutter ist 34 Jahre älter.

⑲ Alexander ist 94 cm groß. Klaus ist 12 cm kleiner.

⑳ Papagei Ara ist 46 Jahre alt. Papagei Lora ist 17 Jahre jünger.

㉑ Iris kauft Obst und Gemüse für 7 €, Fleisch und Wurst für 18 € und Kaffee für 8 €. Sie bezahlt mit 100 €.

㉒ Jasna kauft ein Buch. Sie bezahlt mit einem 20-€-Schein und bekommt 4 Scheine und 3 Münzen zurück.

㉓ Herr Braun kauft ein Buch für 19 € und Schreibwaren für 4 €. Er bekommt 7 € zurück.

㉔ Tobi hat 10 Münzen. Es sind zusammen 50 ct. Suche mehrere Möglichkeiten.

25 Hier gibt es viel zu rechnen. Rechne auch mit den Zahlen deiner Schule.

	1a	1b	2a	2b	3a	3b	3c	4a	4b
Mädchen	14	?	13	13	10	?	8	13	?
Jungen	?	15	11	?	12	10	?	16	14
Kinder insgesamt	29	27	?	25	?	23	22	?	?
	?		49		?			59	

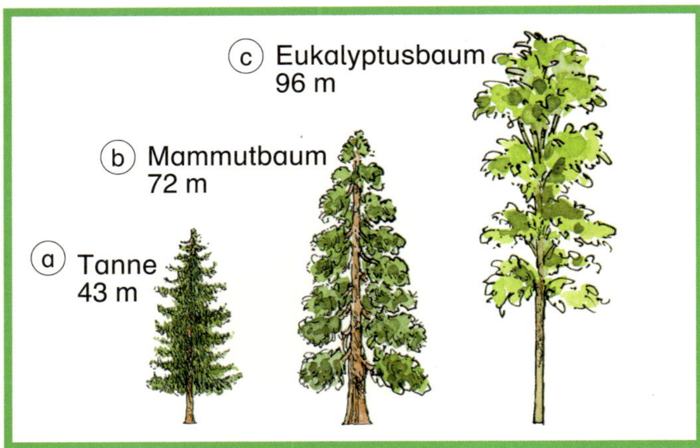

① Vergleiche die Höhe der Bäume und die Rumpflänge der Tiere. Berechne möglichst viele Unterschiede.

Klaus
93 – 86 = □

Lisa
86 + □ = 93

Alexis
93 – □ = 86

Berechne die Unterschiede. Wähle jeweils den einfachsten Rechenweg.

② 93 – 86 = □	⑥ 19 + □ = 73	⑩ 57 – □ = 49	⑭ 63 – 58 = □
③ 93 – 65 = □	⑦ 19 + □ = 25	⑪ 57 – □ = 21	⑮ 91 – 46 = □
④ 51 – 37 = □	⑧ 65 + □ = 97	⑫ 57 – □ = 9	⑯ 82 – 79 = □
⑤ 51 – 49 = □	⑨ 65 + □ = 71	⑬ 57 – □ = 30	⑰ 75 – 68 = □

S.12, Nr.18
Wie viel Geld bekommt sie zurück?
50 € – 26 € = 24 € ✓
Petra bekommt 24 € zurück.

✓ heißt: Ich habe kontrolliert. Es stimmt!

Wie heißt die Frage?

⑱ Petra kauft einen Pulli für 26 €. Sie bezahlt mit einem 50-€-Schein.

⑲ Klaus kauft eine Taucherbrille für 19 € und Flossen für 24 €. Er bezahlt mit 50 €.

⑳ Julia kauft einen Füller, ein Lineal und Hefte für insgesamt 16 €. Sie bekommt 34 € zurück.

㉑ Ralf kauft eine Hängematte für 39 €. Er bekommt 61 € zurück.

㉒ Rahel kauft Turnschuhe für 29 € und Söckchen für 6 €.

㉓ Manuel kauft Handschuhe und einen Helm für insgesamt 76 €. Er bezahlt mit 3 Scheinen und bekommt 4 € zurück.

㉔ In einer Kasse sind 100 €. Es sind 10 Scheine. Suche mehrere Möglichkeiten.

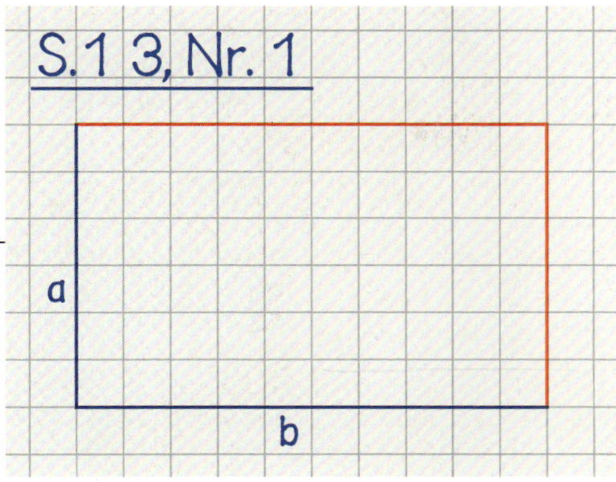

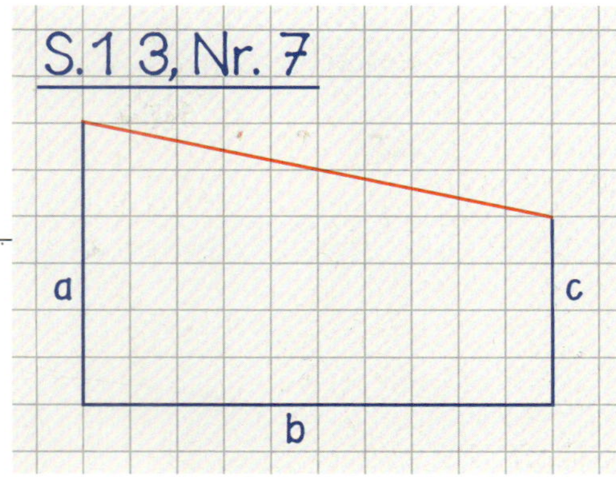

Zeichne die Vierecke. Was fällt auf?

1. a = 3 cm, b = 5 cm
2. a = 4 cm, b = 4 cm
3. a = 6 cm, b = 1 cm
4. a = 9 cm, b = 2 cm
5. a = 9 cm, b = 5 cm
6. a = 9 cm, b = 9 cm
7. a = 3 cm, b = 5 cm, c = 2 cm
8. a = 4 cm, b = 5 cm, c = 2 cm
9. a = 6 cm, b = 5 cm, c = 2 cm

Zeichne die Dreiecke.
Wie ändert sich die Form?

10. a = 8 cm, h = 3 cm
11. a = 10 cm, h = 3 cm
12. a = 6 cm, h = 2 cm
13. a = 6 cm, h = 4 cm
14. a = 4 cm, h = 5 cm
15. a = 4 cm, h = 10 cm

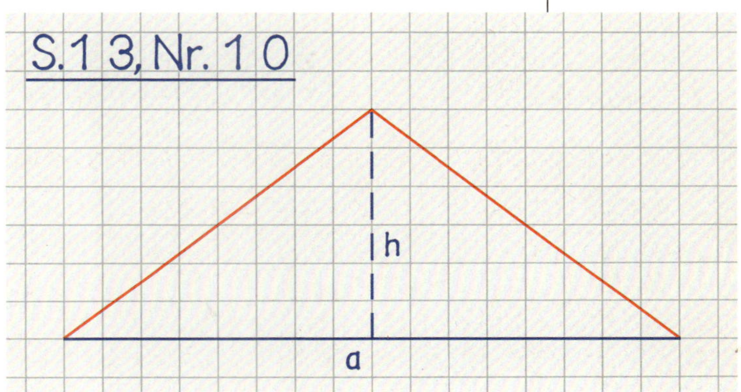

Zeichne die Muster. Setze sie nach mehreren Seiten fort.
Welche Figuren sind verschoben, welche gedreht?

Erfinde Muster, bei denen sich folgende Figuren wiederholen.
Du kannst verschieben oder drehen.

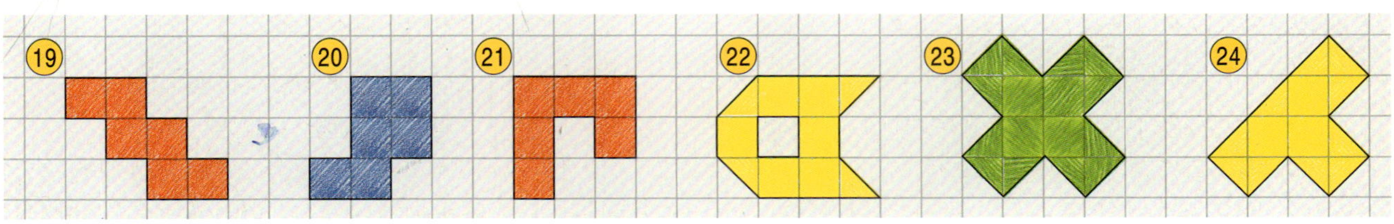

Große Anzahlen – Schätzen und zählen

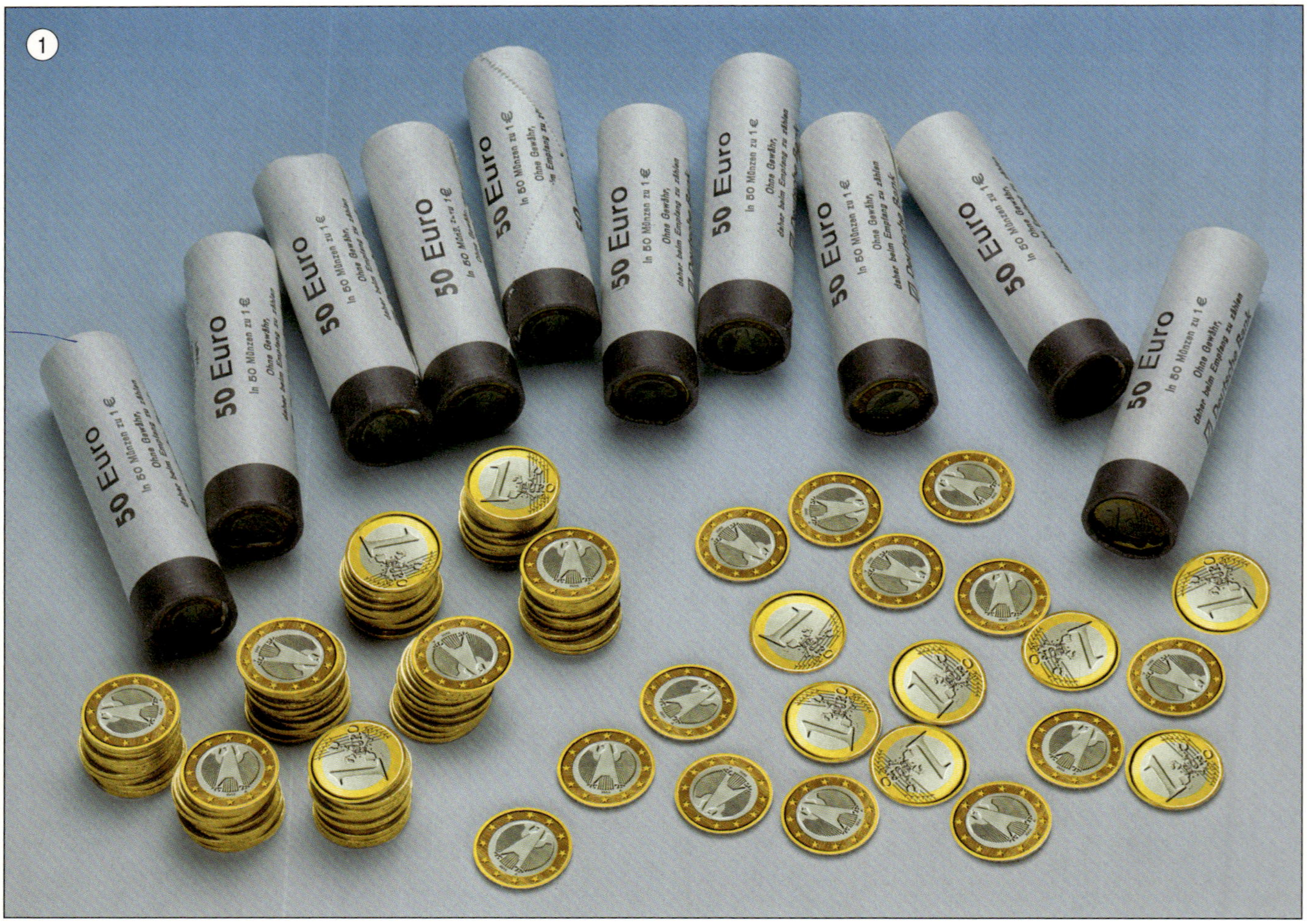

Tausender, Hunderter, Zehner, Einer

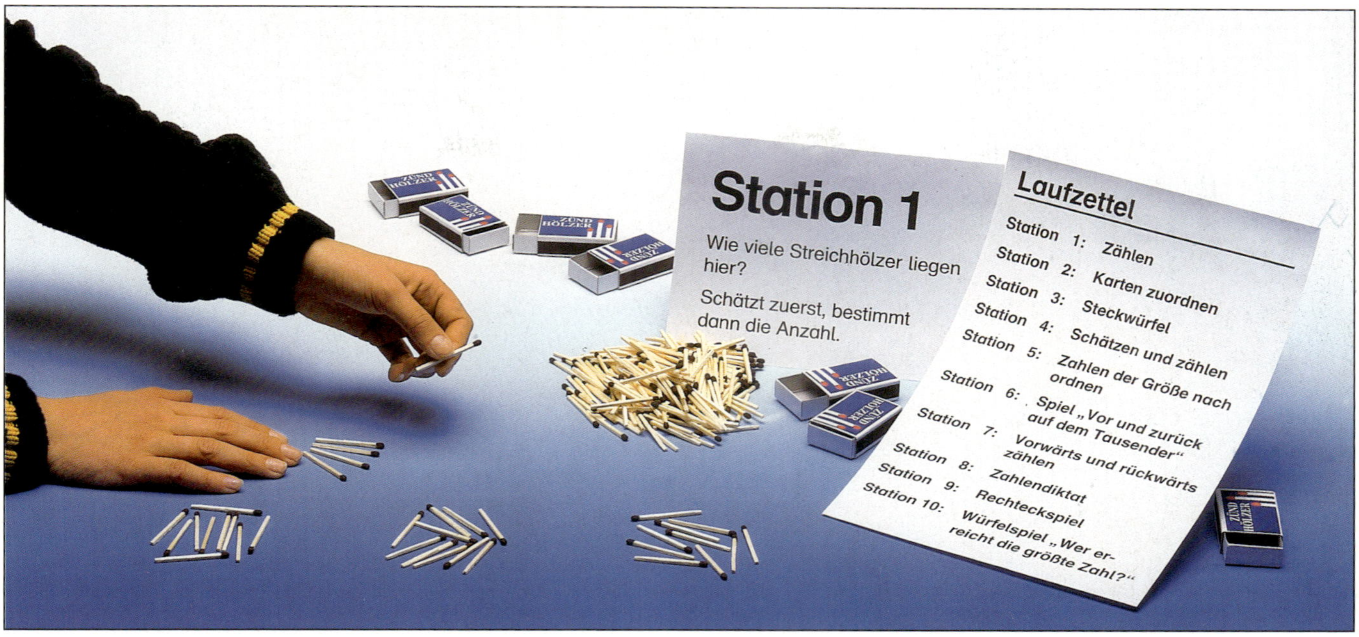

① An den Stationen könnt ihr große Zahlen kennenlernen.

Kein Zehner, also 0 !

S. 15, Nr. 2

T	H	Z	E
	4	0	7

= 400 + 0 + 7 = 407

Schreibe zu jedem Bild die Zahl auf 3 Arten.

2

3

4

5

6

7

8

9

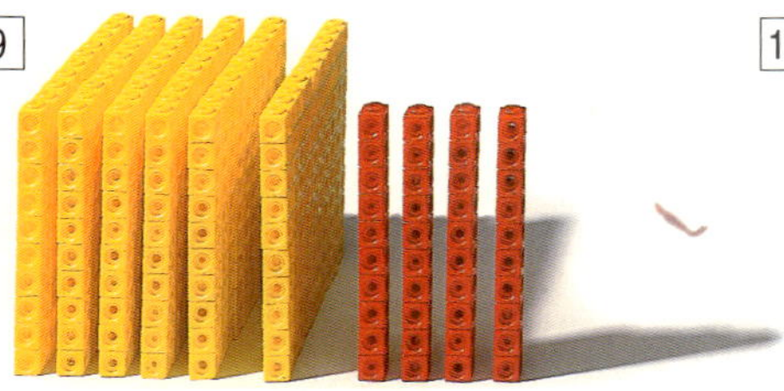

10

Große Zahlen – Stellenwerttabelle

S. 16, Nr. 1

T	H	Z	E
	5	2	6

= 500 + 20 + 6 = 526

Nr 1–4

1 

2 

3 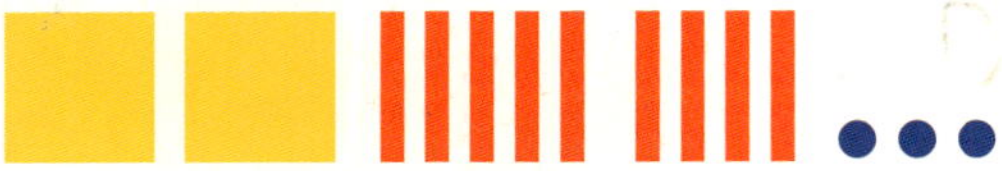

4 

5 

6 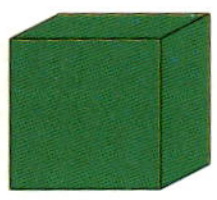

7 

S. 16, Nr. 8

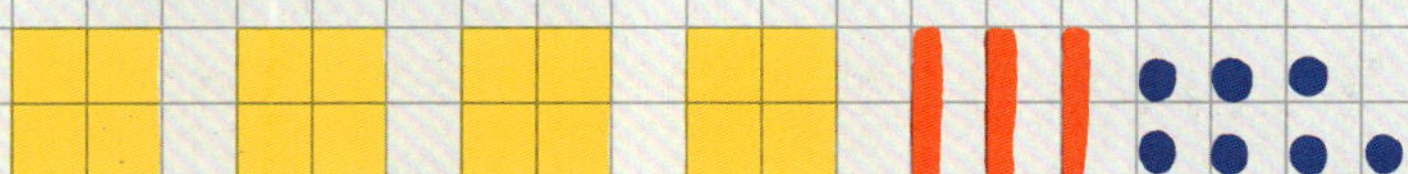 = 437

Nr 8–11

(8)

T	H	Z	E
	4	3	7

(9)

T	H	Z	E
	6	0	3

(10)

T	H	Z	E
	7	0	7

(11)

T	H	Z	E
	5	4	0

(12)

T	H	Z	E
	3	0	0

(13)

T	H	Z	E
1	0	0	0

(14)

T	H	Z	E
	9	9	9

(15)

T	H	Z	E
	1	9	1

(16)

T	H	Z	E
1	1	1	1

(17)

T	H	Z	E
	2	8	7

(18)

T	H	Z	E
	8	0	4

(19)

T	H	Z	E
1	0	0	8

Wie heißen die Zahlen?

(20) 6E 3H 1Z
(21) 9Z 9E
(22) 4E 4H
(23) 1Z 1T 1H
(24) 8E 5H 3Z
(25) 6Z 8H
(26) 7E 7H
(27) 7E 7Z 7H
(28) 1T 3E
(29) 5Z 1T 2H

Wer gewinnt?

- Es würfeln 4 Kinder der Reihe nach.
- Die gewürfelte Zahl darf als Hunderter, Zehner oder Einer eingetragen werden.
- Sieger ist, wer nach drei Runden die größte Zahl aufgeschrieben hat.

Ordne die Zahlen nach der Größe. Beginne mit der kleinsten Zahl.
Schreibe so auf: 100 < 300 < …

① 700, 300, 500, 100, 900
② 200, 900, 400, 1 000, 600
③ 620, 680, 650, 610, 640
④ 513, 315, 153, 531, 351
⑤ 817, 718, 871, 781, 178
⑥ 219, 481, 613, 319, 220
⑦ 715, 1 000, 571, 629, 805
⑧ 217, 712, 271, 721, 127
⑨ 1 212, 1 220, 1 222, 1 202

S. 17, Nr. 10

T	H	Z	E
		5	7

= 50 + 7 = 57

10 E = 1 Z
10 Z = 1 H
10 H = 1 T

Trage in eine Stellenwerttabelle ein und schreibe die Zahl dazu.

10 57 E
11 30 E
12 61 E
13 38 Z
14 70 Z
15 12 H
16 10 Z 5 E
17 20 Z 9 E
18 18 Z 1 E
19 5 H 4 Z 10 E
20 1 H 19 Z 2 E
21 2 H 3 Z 40 E

Trage die Zahlen in eine Stellenwerttabelle ein und schreibe die Zahl mit Ziffern dazu.

22 dreihundertzwanzig
23 siebenhundertvierzig
24 neunhundertsechzig
25 sechshundertneun
26 achthundertdrei
27 zweihundertfünf
28 neunhundertachtundachtzig
29 vierhundertdreiundzwanzig
30 fünfhundertzweiundvierzig

Den Tausender erforschen

(a)

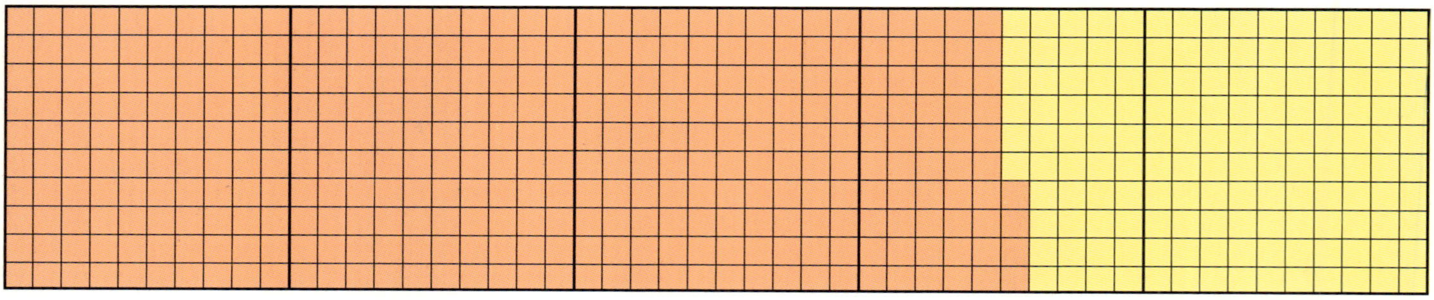

(b)

	1	2	3	4	5	6	7	8	9	10
A	101	102	103	104	105	106	107	108	109	110
B	111	112	113	114	115	116	117	118	119	120
C	121	122	123	124	125	126	127	128	129	130
D	131	132	133	134	135	136	137	138	139	140
E	141	142	143	144	145	146	147	148	149	150
F	151	152	153	154	155	156	157	158	159	160
G	161	162	163	164	165	166	167	168	169	170
H	171	172	173	174	175	176	177	178	179	180
I	181	182	183	184	185	186	187	188	189	190
J	191	192	193	194	195	196	197	198	199	200

(c)

	1	2	3	4	5	6	7	8	9	10
A	401	402	403	404	405	406	407	408	409	410
B	411	412								
C	421									430
D			433			436				
E					445			448		
F		452								460
G	461						467			
H				474					479	
I						486				490
J			493							500

(g)

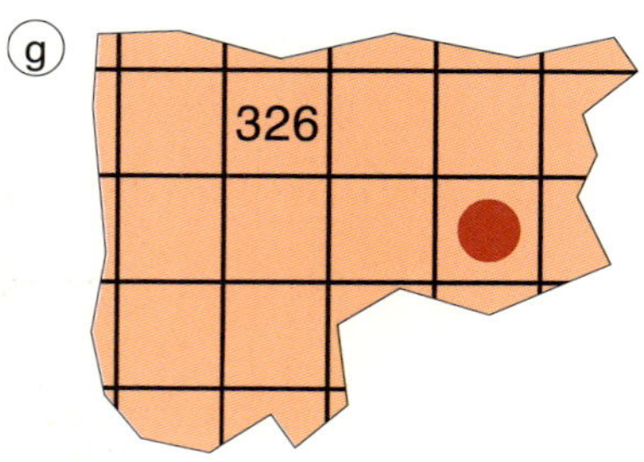

(h)

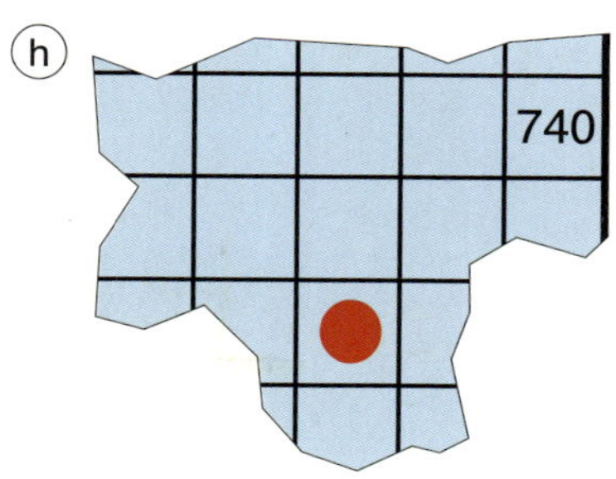

(i)

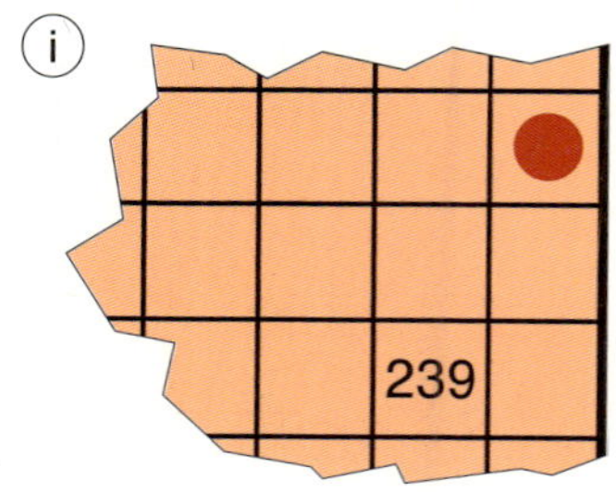

(1) Untersucht den Tausenderstreifen (a).
Wie viele kleine Quadrate sind rot,
wie viele gelb, wie viele blau?
Wie viele kleine Quadrate sind es
zusammen?

(2) Untersucht das rote Hunderterquadrat (b).
Lest die Zahlen in den Reihen A bis J
und in den Spalten 1 bis 10.
Was fällt auf?

(3) Untersucht das gelbe Hunderterquadrat (c) und das blaue Hunderterquadrat (f).
Lest die Zahlen reihen- und spaltenweise.

(4) Vergleicht die Hunderterquadrate (b), (c) und (f). Lest die Zahlen reihen- und spaltenweise. Was ist gleich? Was ist verschieden?

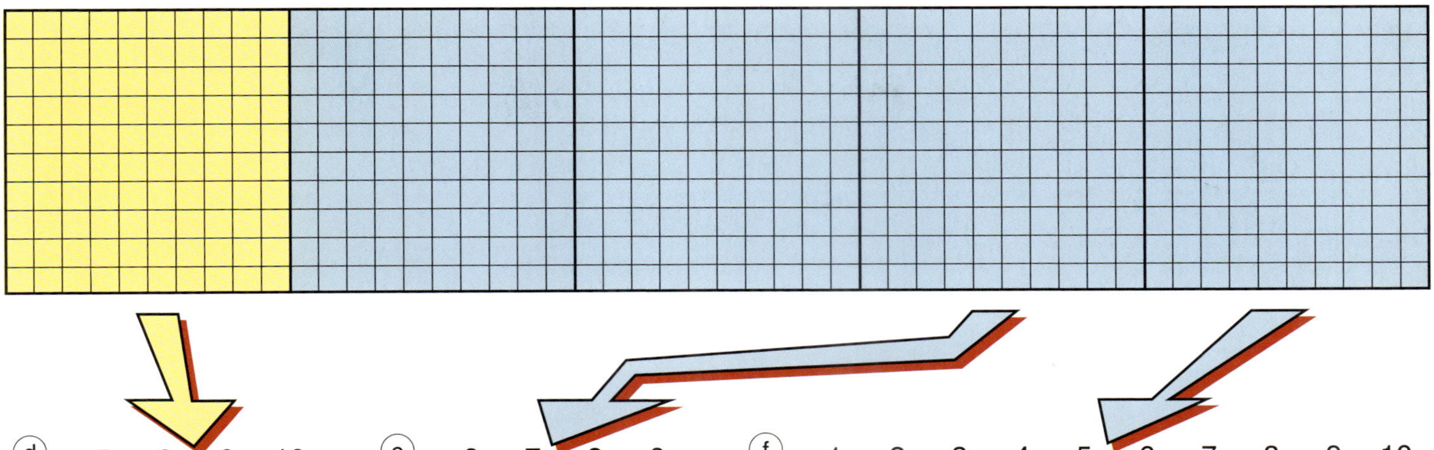

(d)

	7	8	9	10
A		508		510
B				
C				
D				540
E				
F		558		
G		568		
H				
I				
J				

(e)

	6	7	8	9
A				
B				
C				
D				
E				
F				
G		867		
H		877	878	
I				
J				

(f)

	1	2	3	4	5	6	7	8	9	10
A	901	902	903							
B	911					916				920
C				924						
D								938		
E		942					947			
F				954						
G									969	
H	971									980
I			983							
J					995					1000

(j)

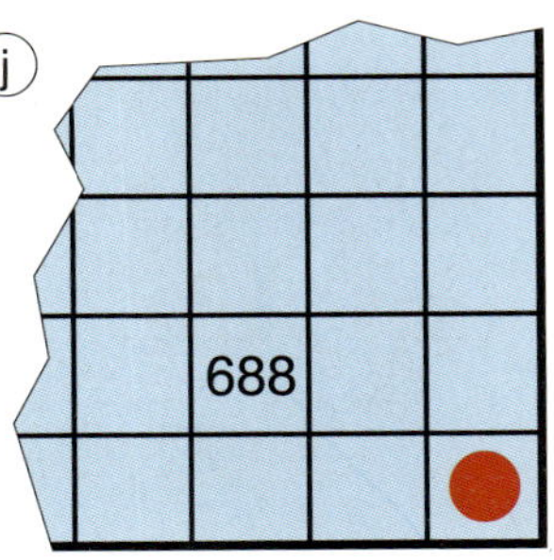

(k)

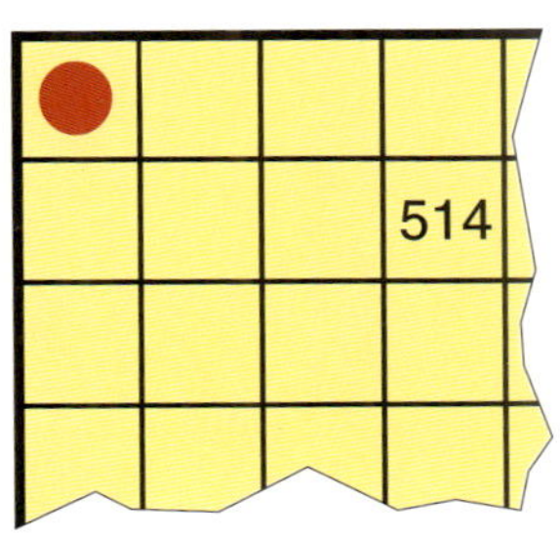

(l)

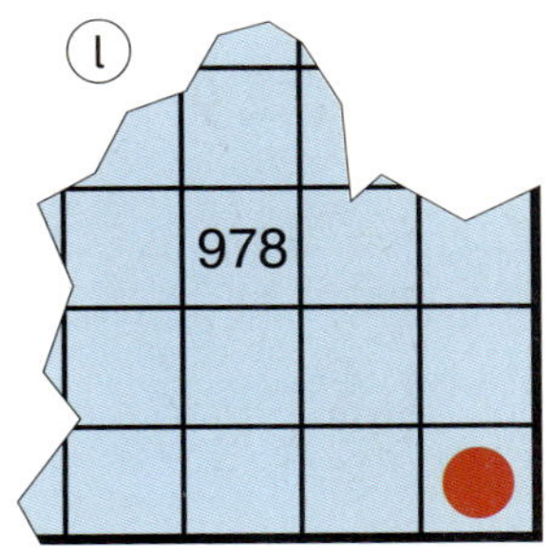

5 Färbt in einem Tausenderstreifen 620 kleine Quadrate rot, 85 gelb und 195 blau.
Wie viele Quadrate sind noch weiß?

6 Ergänzt in den Hunderterquadraten (c) und (f) und in den Ausschnitten (d) und (e) die fehlenden Zahlen.
Kontrolliert mit dem Tausenderstreifen (Beilagen 1 und 2).

7 Welche Zahlen müssten in den Ausschnitten (g) bis (l) bei den roten Punkten stehen?
Schreibt sie so auf: g) 338
Kontrolliert mit dem Tausenderstreifen (Beilagen 1 und 2).

8 Tragt die folgenden Zahlen in ein Hunderterquadrat ein.
801, 811, 861, 810, 860, 890, 805, 835, 875, 866, 900, 827, 837, 847, 893, 883.

① Zeige und lies die Zehnerzahlen von 100 bis 200 und von 600 bis 700.

② Welche Zehnerzahl steht vor 100, vor 140, vor 380, vor 720, vor 800, vor 900 und vor 1000?

③ Welche Zehnerzahl steht nach 100, nach 310, nach 650, nach 790, nach 840 und nach 990?

④ Wie heißen die Nachbarzehner von 54, 132, 476, 551, 648, 760, 800, 989 und 998?

⑤ Wie heißen die Nachbarhunderter von 37, 512, 173, 840, 907, 399, 700 und 257?

Spielregel

Auf dem Tisch liegen verdeckt die 35 Spielkärtchen (Beilage 3).

Die Spieler heben nacheinander jeweils ein Kärtchen ab und setzen ihren Spielstein auf den angegebenen Platz.

Beispiele

4 H 2 Z	Spielstein auf 420.
H ⟷ Z	Hunderterzahl mit Zehnerzahl vertauschen; Spielstein auf 240.

Üben am Zahlenstrahl

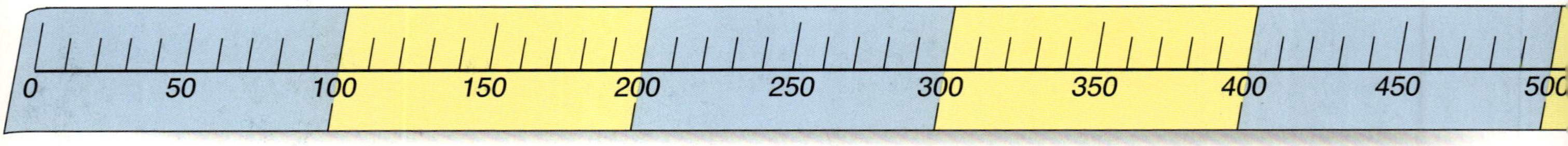

① Stelle einen Zahlenstrahl für die Zahlen 0 bis 1 000 her (Beilage 4).

② Markiere an deinem Zahlenstrahl mit Büroklammern beliebige Zahlen. Zähle von diesen Zahlen aus vorwärts und rückwärts.

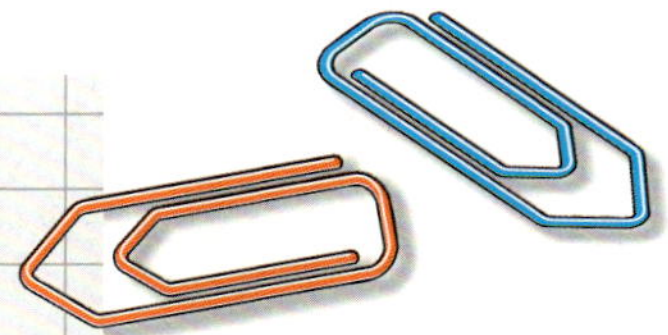

Zeige an deinem Zahlenstrahl (Beilage 4). Schreibe dann zu jeder Zahl den Vorgänger und den Nachfolger.

3	4	5	6	7	8	9
55	78	20	99	199	69	900
155	178	420	299	399	219	500
555	678	720	699	999	589	800

⑩ Schreibe die Zahlen auf, die mit den Büroklammern gekennzeichnet sind.
Beispiel: a) 120

11 Rechne von den gekennzeichneten Zahlen zu den Nachbarhundertern.
Beispiel: a) 120 – 20 = 100 120 + 80 = 200

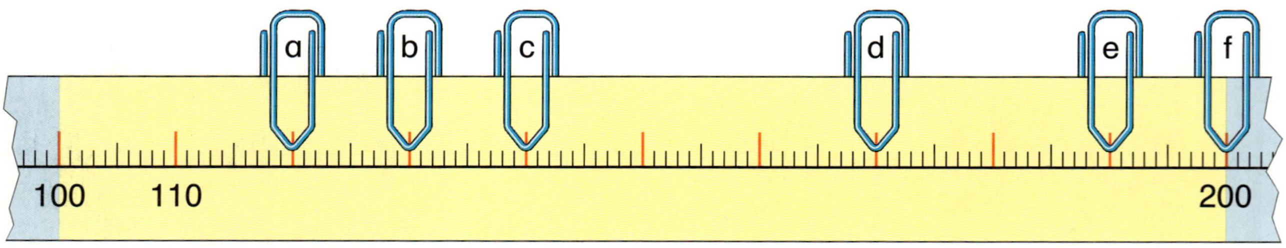

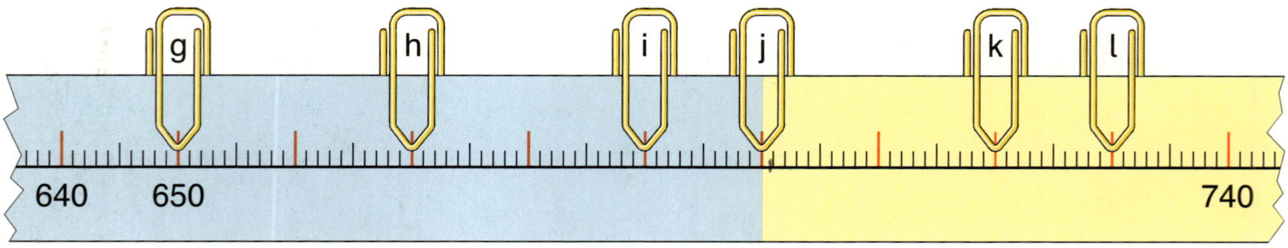

Bilde alle möglichen dreistelligen Zahlen.
Verwende jede Ziffer nur einmal.

⑫ 7, 3, 8 ⑬ 4, 3, 2 ⑭ 6, 4, 1 ⑮ 1, 0, 0 ⑯ 5, 3, 2, 1 ⑰ 9, 8, 5, 4 ⑱ 5, 6, 7, 8

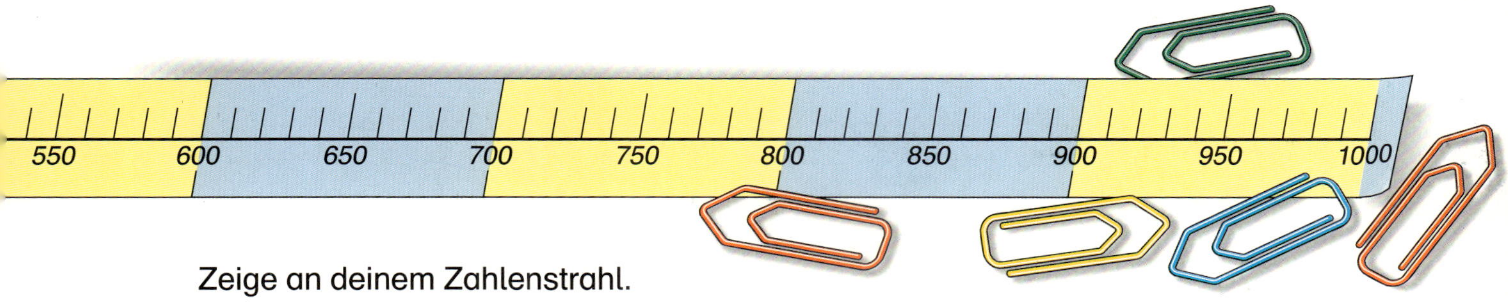

Zeige an deinem Zahlenstrahl.
Schreibe dann die Zahlenfolgen auf.

1 0, 100, 200 … bis 1 000

2 100, 110, 120 … bis 200

3 200, 210, 220 … bis 300

4 600, 590, 580 … bis 500

5 200, 205, 210 … bis 250

6 600, 595, 590 … bis 550

7 510, 508, 506 … bis 490

8 1 000, 990, 980 … bis 900

9 350, 365, 380 … bis 500

10 860, 848, 836 … bis 740

11 58, 168, 278 … bis 1 158

12 1 197, 1 087, 977 … bis 97

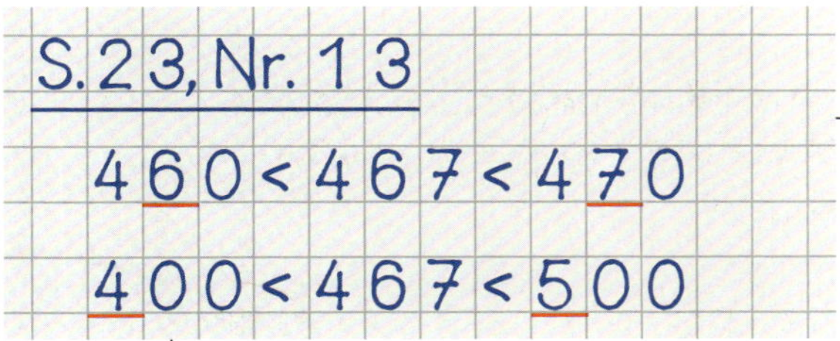

Zeige an deinem Zahlenstrahl (Beilage 4).
Schreibe dann zu jeder Zahl die Nachbarzehner und die Nachbarhunderter.

13 467	15 603	17 900	19 999	21 280	23 969	25 493
14 255	16 899	18 600	20 360	22 538	24 194	26 638

(27) Schreibe die Zahlen auf, die mit den Büroklammern gekennzeichnet sind.

28 Rechne von den gekennzeichneten Zahlen zu den Nachbarzehnern.
Beispiel: m) 746 – 6 = 740 746 + 4 = 750

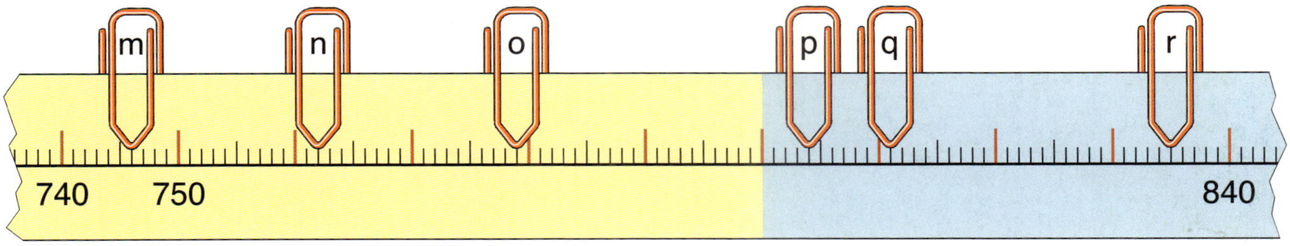

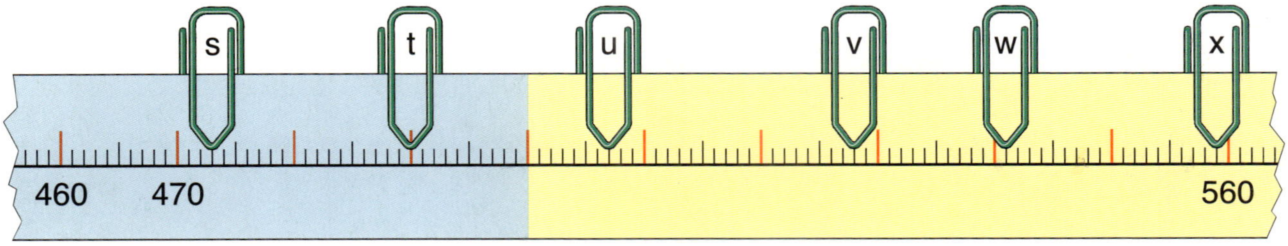

Bilde jeweils die kleinste und die größte dreistellige Zahl.
Verwende jede Ziffer nur einmal.

(29) 2, 5, 6 (30) 7, 1, 5 (31) 1, 2, 3 (32) 4, 9, 1, 6 (33) 8, 9, 3, 7 (34) 4, 8, 6, 2

Experimentieren mit Flächen

① So kannst du deine Auslegeplättchen herstellen:

a) Zeichne drei Quadrate (Seitenlänge 5 cm) auf kariertes Papier.

b) Färbe das eine Quadrat rot, das zweite gelb, das dritte grün.

c) Falte und zerschneide die drei Quadrate so, wie es mit den Hilfslinien angezeigt ist.

② Lege mit deinen Plättchen Figuren und zeichne sie in dein Heft.

③ Lege mit deinen Plättchen Quadrate und zeichne sie in dein Heft.

④ Lege mit deinen Plättchen möglichst viele Rechtecke und zeichne sie.

⑤ Schau dir die Flächen A bis F auf Seite 25 an.
Welche ist nach deiner Meinung die größte, welche die kleinste Fläche?

⑥ Lege die Figuren A bis F mit deinen Plättchen aus. Zeichne die Tabelle und trage jeweils die Anzahl der verwendeten Plättchen ein.

	A	B	C	D	E	F

⑦ Welche der Flächen A bis F sind gleich groß?
Wie kannst du das beweisen?

Zeichne die Muster und setze sie nach allen Seiten fort.

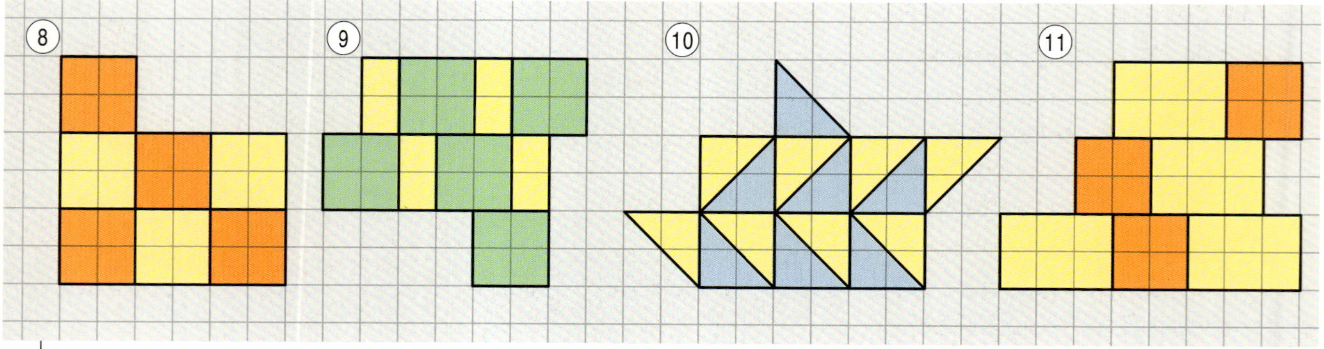

⑫ Erfinde selbst Muster (Parkettierungen), zeichne sie und setze sie fort.

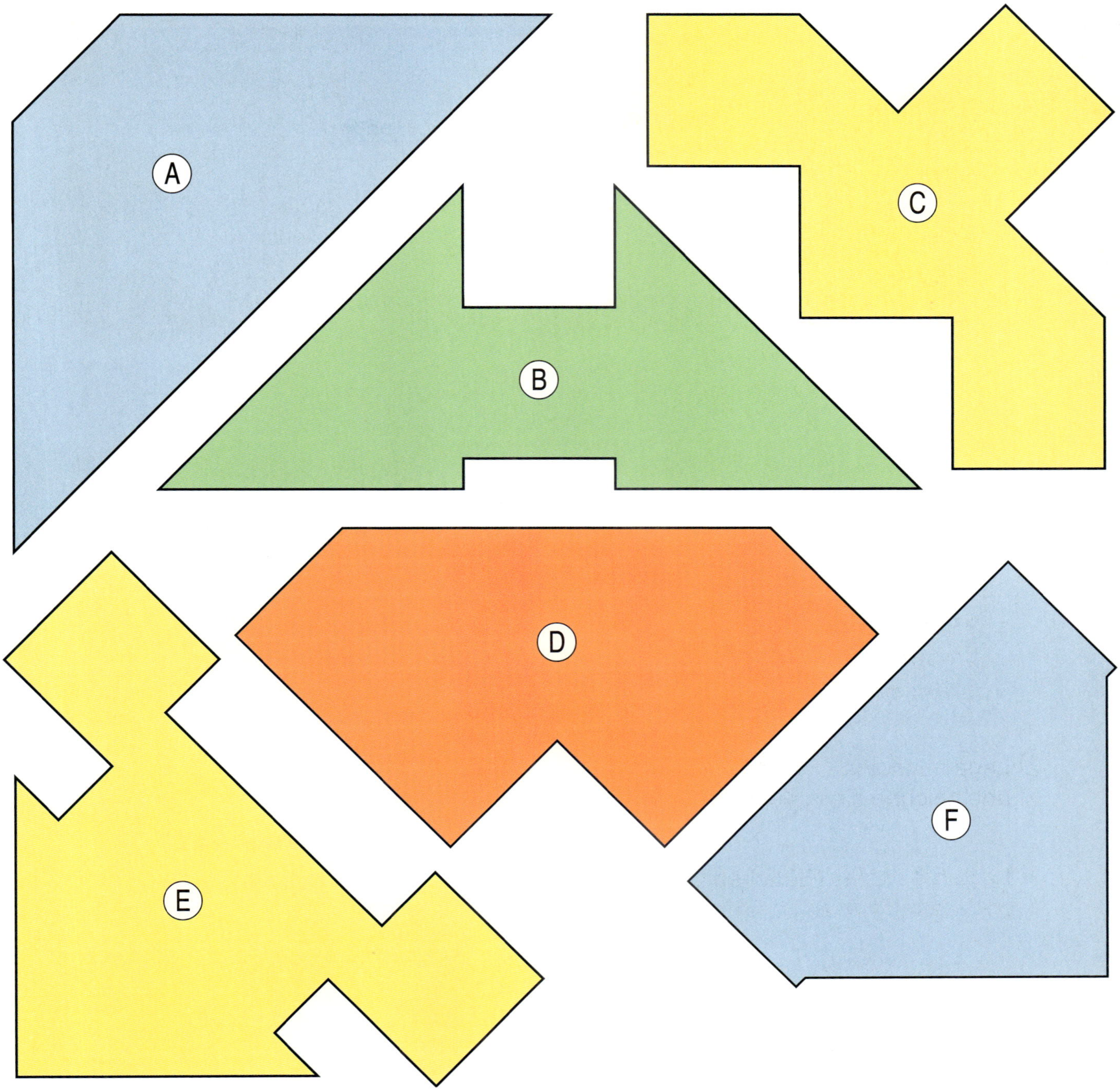

1 Zeichne Rechtecke (Quadrate)

a) mit 6 Innenquadraten,
b) mit 0 Innenquadraten,
c) mit 1 Innenquadrat,
d) mit 2 Innenquadraten,
e) mit 3 Innenquadraten,
f) mit 20 Innenquadraten,
g) mit mehr Innenquadraten als Außenquadraten.

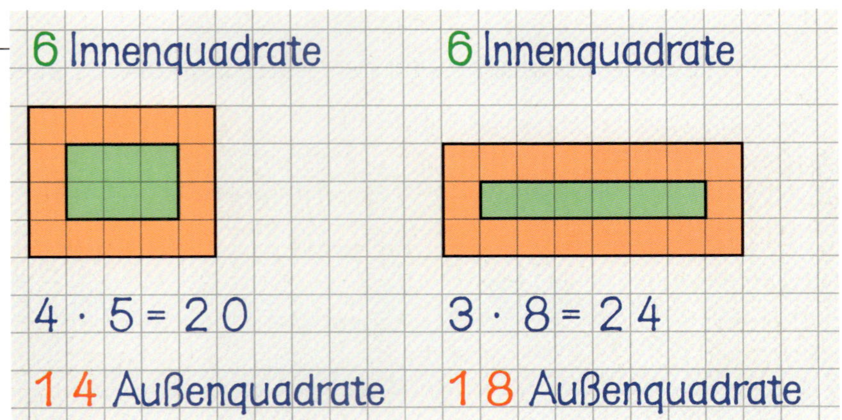

2 Es gibt genau 2 Rechtecke, die gleich viele Innen- und Außenquadrate haben.

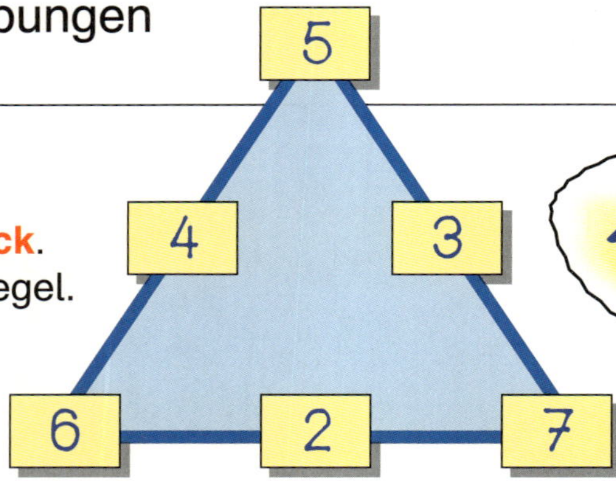

Das ist ein **Zauberdreieck**.
Erkläre die Regel.

Zeichne Zauberdreiecke und trage die Zahlen richtig ein.

1 Zahlen: 5, 6, 7, 8, 9, 10
Zauberzahl: 24

2 Zahlen: 4, 8, 12, 16, 20, 24
Zauberzahl: 48

3 Zahlen: 10, 11, 12, 13, 14, 15
Zauberzahl: 39

4 Zahlen: 1, 2, 3, 4, 5, 6
Zauberzahl: 12

5 Zahlen: 10, 20, 30, 40, 50, 60
Zauberzahl: ___

6 Zahlen: ___, 16, 24, 32, 40, ___
Zauberzahl: 96

Spiel: Die Zauberzahl gewinnt

Zahlenkarten von 1 bis 9 liegen offen auf dem Tisch. Petra und Uwe ziehen jeweils abwechselnd eine Karte. Petra fängt an. Wer zuerst 3 Karten hat, die die Summe 15 ergeben, hat die Spielrunde gewonnen.

Das ist ein **Zauberquadrat** mit der Zauberzahl **15**.
Wie heißt die Zauberregel? Ergänze die fehlenden Zahlen.

6	7	2
	5	
		4

Zeichne Zauberquadrate und fülle sie richtig aus.

7 1, 3, 4, 5, 6, 7, 8, 9, 11
Zauberzahl: 18

8 2, 4, 5, 6, 7, 8, 9, 10, 12
Zauberzahl: 21

9 1, 4, 6, 7, 9, 11, 12, 14, 17
Zauberzahl: 27

10 Zahlen: 4, 7, 8, 10, 11, 12, 14, 15, 18
Zauberzahl: 33

11 Erfinde weitere Zauberquadrate.

① Tante Olga hat sich was ausgedacht: Sie möchte Ines zum Geburtstag Geld schenken und zwar nach der unten abgebildeten Regel.

a) Wie viel € erhält Ines zum 5. Geburtstag, wie viel zum 10., wie viel zum 12. Geburtstag?

b) Um wie viel € erhöht sich das Geschenk von Jahr zu Jahr? Gibt es da eine Regel?

1. Geburtstag 2. Geburtstag 3. Geburtstag 4. Geburtstag

S. 27, Nr. 2

A

1

2 2

3 3 3

4 4 4 4

5 5 5 5 5

② Untersuche das Zahlendreieck A.

a) Vergrößere das Zahlendreieck bis zur Ziffer 9.

b) Addiere die Zahlen in jeder Reihe. Was stellst du fest?

c) Stelle jeweils fest, um wie viel sich die Summe der Zahlen in einer Reihe von Zeile zu Zeile vergrößert. Gibt es da auch eine Regel?

③ Untersuche die Zahlendreiecke B, C und D.

B

1
2 2 2
3 3 3 3 3
4 4 4 4 4 4 4
5 5 5 5 5 5 5 5 5

C

0
1 1
2 2 2
3 3 3 3
4 4 4 4 4

D

1
3 3
5 5 5
7 7 7 7
9 9 9 9 9

④ Erfinde selbst Zahlendreiecke und untersuche sie.

Zahlenfolgen und Gleichungen zum Knobeln

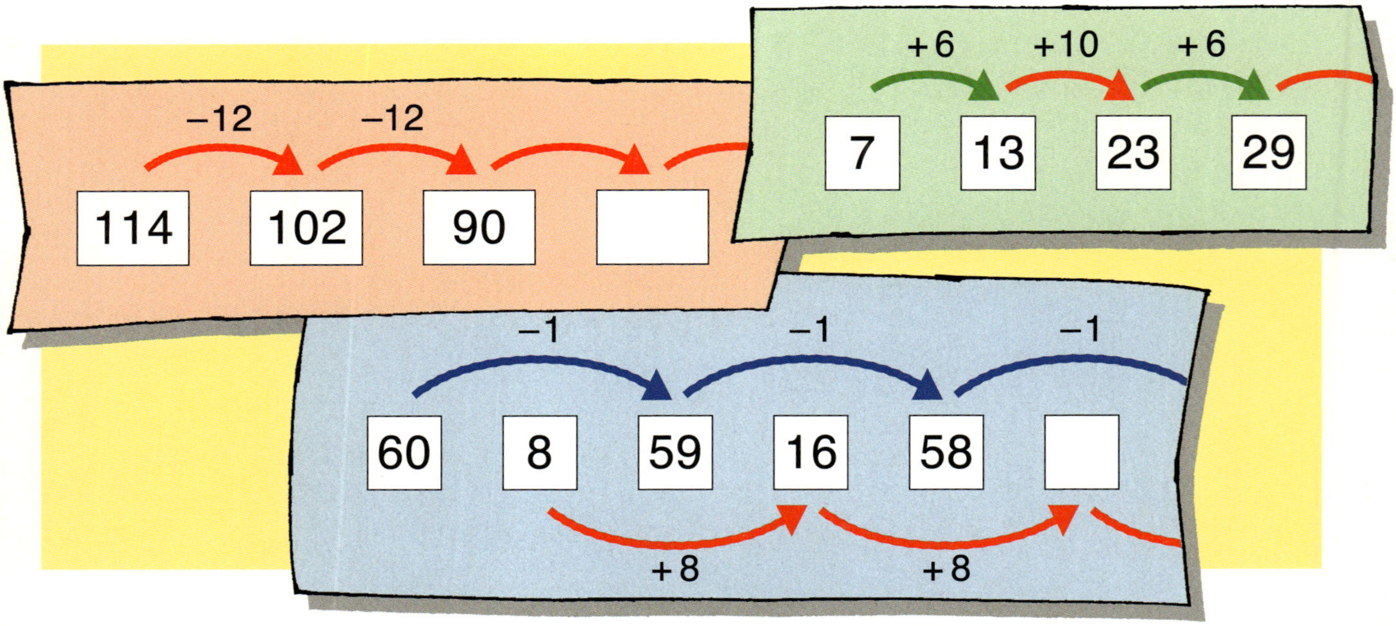

Rechne mindestens bis zur angegebenen Zahl.

1. 114, 102, 90, … bis 6
2. 526, 533, 540, … bis 582
3. 695, 665, 635, … bis 455
4. 381, 375, 369, … bis 333
5. 800, 825, 850, … bis 1000
6. 765, 773, 781, … bis 829
7. 7, 13, 23, 29, 39, … bis 87
8. 100, 91, 87, 78, 74, … bis 26
9. 66, 74, 71, 79, 76, … bis 91
10. 7, 12, 27, 32, 47, … bis 107
11. 27, 17, 34, 24, 48, … bis 244
12. 1, 2, 4, 8, 16, … bis 1024
13. 60, 8, 59, 16, 58, 24, … bis 48
14. 5, 10, 11, 22, 23, 46, … bis 382
15. 80, 79, 77, 74, 70, 65, … bis 14
16. 7, 9, 14, 18, 21, 27, … bis 54
17. 28, 40, 23, 51, 18, 62, … bis 95
18. 10, 5, 20, 10, 40, 20, … bis 160

Ordne die Zahlen so, dass Zahlenfolgen entstehen.
Setze die Folgen dann fort (mindestens noch 6 Zahlen).

19. 943, 929, 957, 922, 950, 936
20. 50, 9, 100, 27, 400, 18, 200
21. 900, 72, 700, 71, 73, 800, 70
22. 99, 14, 77, 66, 7, 28, 88

Schreibe die Gleichungen mit Zahlen in dein Heft. Gleiche Form bedeutet gleiche Zahl.

23. 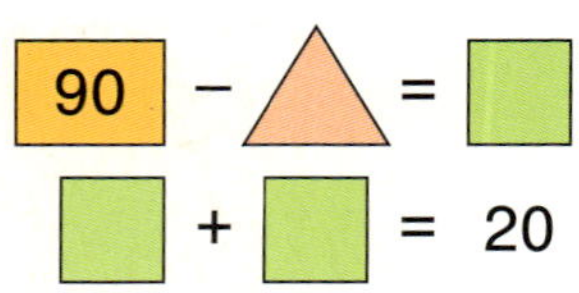

24. 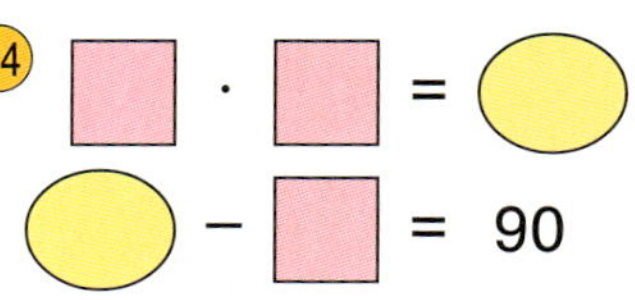

25. 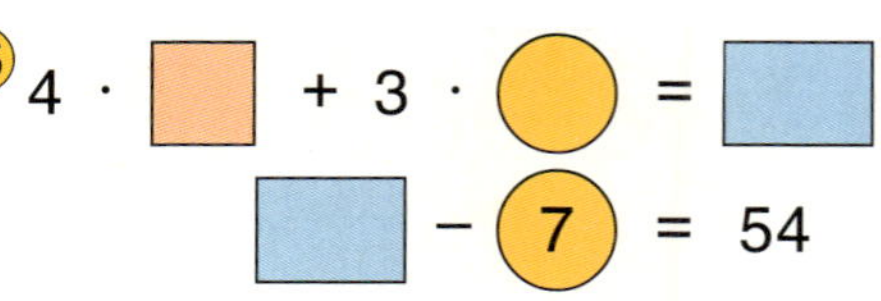

26. 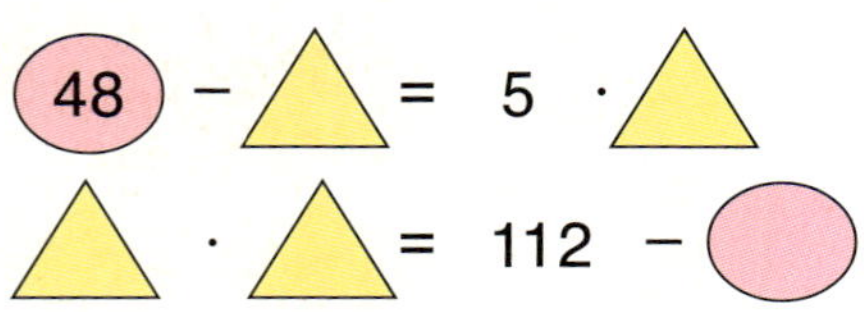

27. 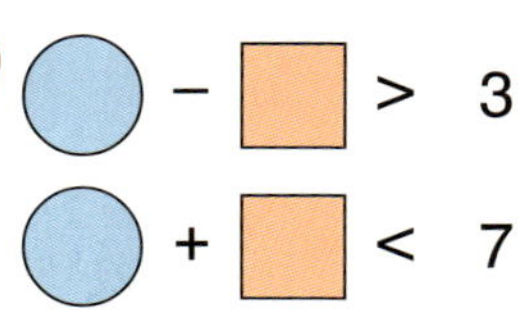

28. 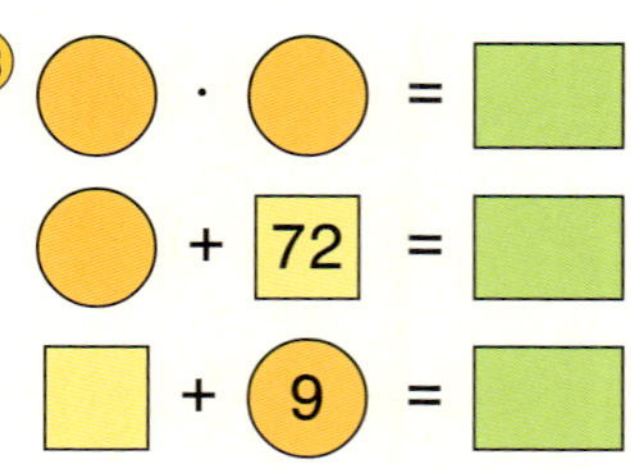

29. Erfinde weitere Zahlenfolgen und Gleichungen.
Gib sie deinem Partner zum Knobeln. Viel Spaß!

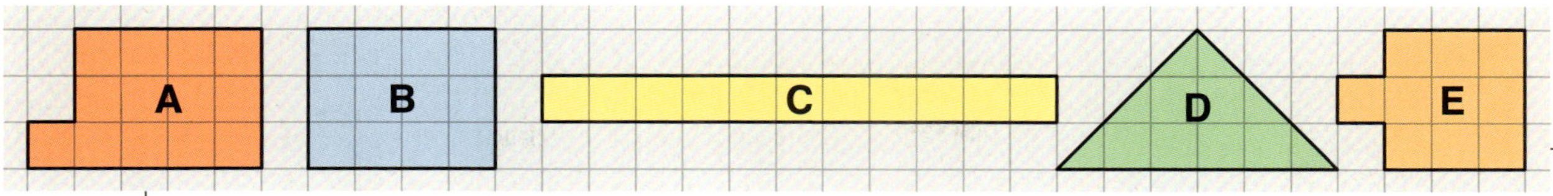

① Zeichne die Flächen A bis E auf kariertes Papier.
② Schreibe zu jeder Fläche die Größe in Heftquadraten.
③ Ordne die Flächen nach der Größe. Beginne mit der kleinsten Fläche.
Schreibe so auf: ▢ < ▢ < ...

Kennzeichne die folgenden Zahlen an einem Zahlenstrahl (Arbeitsblatt) und schreibe jede Zahl auf fünf verschiedene Arten auf (Seiten 16 und 17).

[4] 197 [5] 282 [6] 374 [7] 455 [8] 527 [9] 630 [10] 701 [11] 800

Ordne die Zahlen. Beginne mit der größten Zahl. Beispiel: 1000 > 817 > ...

⑫ 534, 817, 1000, 298, 630
⑬ 703, 386, 615, 400, 908
⑭ 980, 942, 967, 991, 976
⑮ 250, 208, 288, 273, 237
⑯ 688, 54, 306, 7, 1000, 59
⑰ 400, 1300, 99, 601, 596, 0

Schreibe zu jeder Zahl den Vorgänger und den Nachfolger.

⑱ 700 ⑲ 300 ⑳ 250 ㉑ 680 ㉒ 139 ㉓ 999

Rechne zu den Nachbarzehnern und zu den Nachbarhundertern.

[24] 264 [26] 117 [28] 432 [30] 690 [32] 43 [34] 800
[25] 864 [27] 617 [29] 732 [31] 990 [33] 143 [35] 1000

Setze die Zahlenfolgen fort.

[36] 485, 486, 487 ... bis 495
[37] 906, 905, 904 ... bis 896
[38] 704, 703, 702 ... bis 694
[39] 340, 350, 360 ... bis 440
[40] 640, 630, 620 ... bis 540
[41] 860, 850, 840 ... bis 760
[42] 1350, 1200, 1050 ... bis 0
[43] 7, 127, 247 ... bis 1087
[44] 966, 916, 866 ... bis 516

Schreibe die fehlenden Zahlen so auf: a) 806

[45]

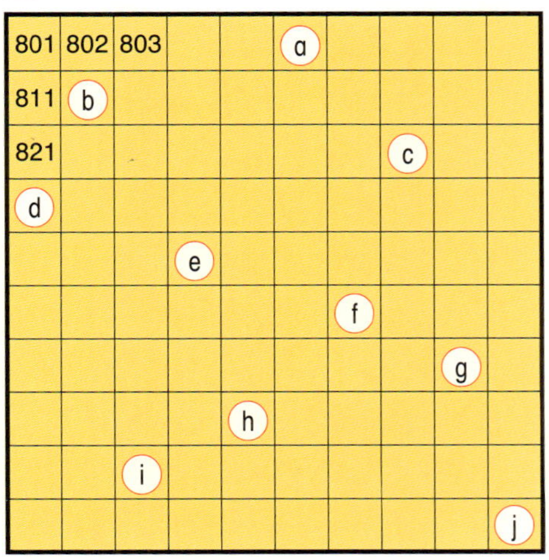

[46]

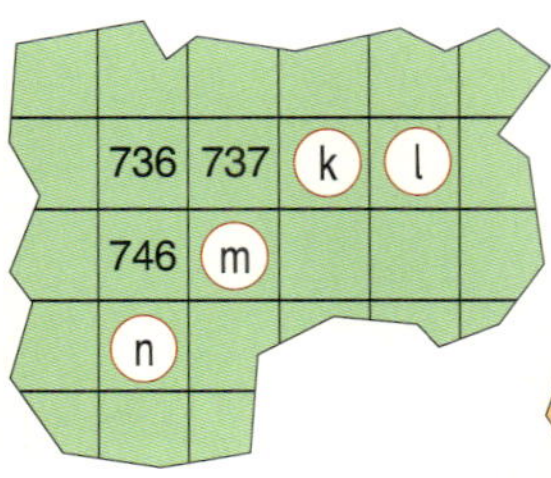

[47]

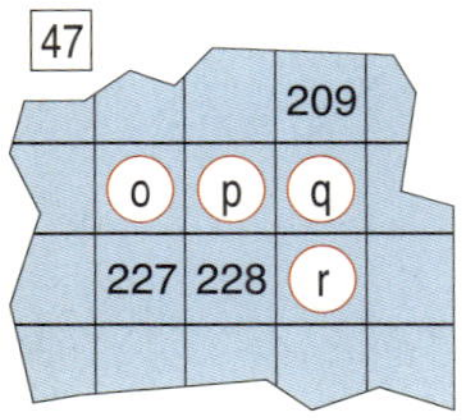

[48]

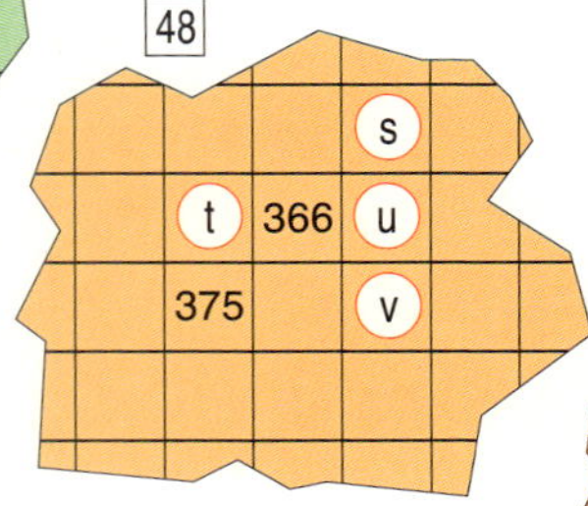

[49]

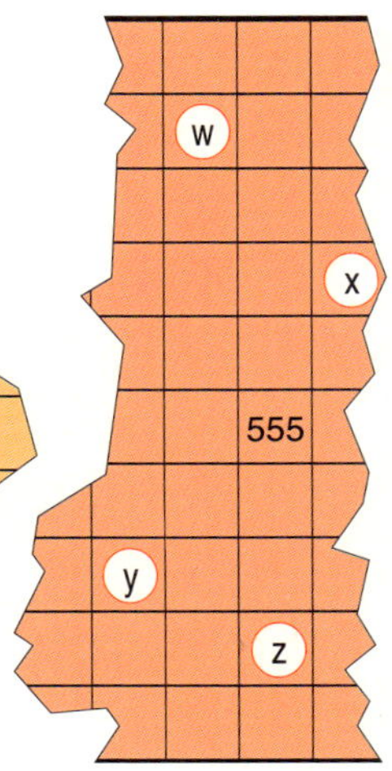

Fit durch Spiel und Sport

Ⓐ 298,–

Tischtennisplatte

Ⓑ

169,– Tischfußball

Ⓒ 159,–

Rudergerät

Ⓓ Boxhandschuhe

69,–

Ⓔ 89,–

Inlineskates

Ⓕ 11,–

Hanteln

Ⓖ

253,–

Heimtrainer

Ⓗ 145,–

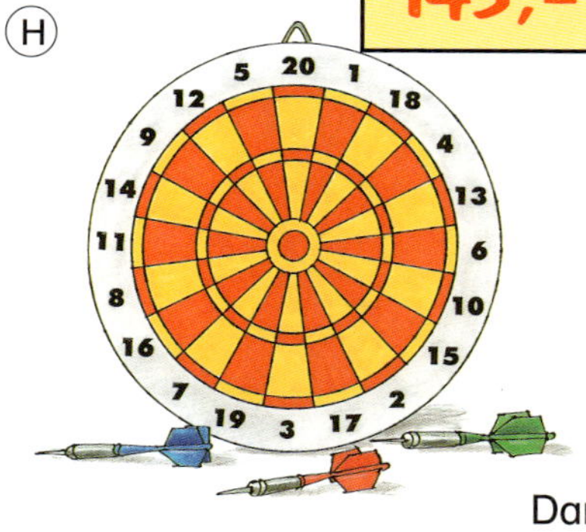

Dart

Ⓘ 599,–

Rennrad

① Erfindet Aufgaben, die zu den Aussagen der Kinder passen.

② Verändert die Aussagen der Kinder so, dass sich andere Aufgaben ergeben. Findet jeweils mehrere Fragen.

① Ordne die Banknoten und Münzen unserer Währung nach ihrem Wert (Beilagen 5 und 6).

② Was kann man für einen ct kaufen?
Was kann man für jede der anderen Münzen und Banknoten kaufen?

③ Ordne die auf Seite 30 abgebildeten Waren nach ihrem Preis.
Beginne mit dem teuersten Artikel.

S. 31, Nr. 4

A [200] [50] [20] [20] [5] ② ①

200 € + 90 € + 8 € = 298 €

④ Wie kannst du die auf Seite 30 abgebildeten Dinge bezahlen?
Lege zuerst mit Spielgeld, zeichne dann. Fasse beim Rechnen geschickt zusammen.

S. 31, Nr. 5

100 € + 100 € + 10 € +

Wie viel kostet es ?

Lege zuerst mit Spielgeld, fasse dann beim Rechnen geschickt zusammen.

⑤ Rudergerät und Boxhandschuhe

⑥ Tischtennisplatte und Dart

⑦ Rennrad und Boxhandschuhe

⑧ Heimtrainer und Dart

⑨ Heimtrainer, Inlineskates und Dart

⑩ Tischfußball, Rennrad und Dart

Überlege zuerst mehrere Fragen, rechne dann.

⑪ Timm kauft 2 Dinge und bezahlt weniger als 180 €.

⑫ Lea hat 2 Dinge gekauft, mit 200 € bezahlt und 30 € zurückbekommen.

⑬ Herr Schnurr kauft im Schatz-Markt ein. Sein Einkaufswagen ist mit 17 verschiedenen Artikeln gut gefüllt. Der teuerste Artikel kostet 19,99 €.
Herr Schnurr bezahlt mit einem Schein und bekommt 2 Scheine und 2 Münzen zurück.
Versuche 3 mögliche Lösungen zu finden.

⑭ Sammelt Material und erfindet Aufgaben.

Kommaschreibweise bei Geldbeträgen

Schreibe die Geldbeträge aus den Tabellen auf zwei Arten.
Beispiel: 1 € 35 ct = 1,35 €

1	1	3	5
2	1	0	0
3	2	4	0
4	0	0	9

5	2	6	0	9
6	4	9	9	8
7	9	9	8	0
8	6	0	0	5

9		2	3	4	9	6
10	1	0	0	0	0	0
11				8	0	7
12		9	9	0	8	0

Schreibe die Geldbeträge auf drei Arten.
Beispiel: 2,50 € = 2 € 50 ct = 250 ct

13 2,50 €	15 0,08 €	17 410 ct	19 72 ct	21 4 € 80 ct	23 0 € 3 ct
14 6,38 €	16 4,05 €	18 207 ct	20 5 ct	22 9 € 9 ct	24 10 € 0 ct

S. 32, Nr. 25

4,53 € —(+7 ct)→ 4,60 € —(+40 ct)→ 5,00 € —(+5 €)→ 10,00 €

zurück: 5,47 € ✓

Von leichten zu schwereren Aufgaben

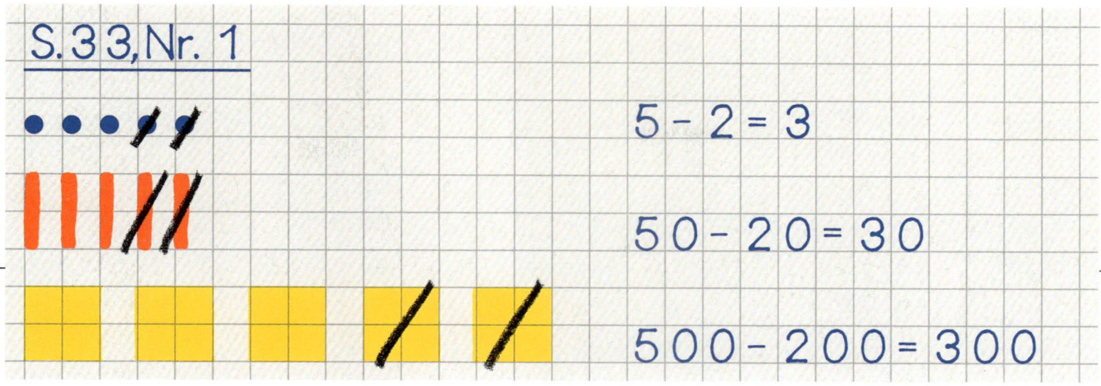

Rechne jeweils mit Einern, Zehnern und Hundertern.
Zeichne zu einigen Aufgaben. Viele Aufgaben kannst du mündlich lösen.

(1) 5 – 2
(2) 6 – 1
(3) 3 – 3
(4) 4 – 0
(5) 4 – 2
(6) 5 – 4
(7) 8 – 6
(8) 9 – 5
(9) 9 – 8
(10) 5 + 3
(11) 5 + 5
(12) 7 + 2
(13) 1 + 9
(14) 3 + 3
(15) 8 + 2

Rechne jeweils noch einige passende Aufgaben.

16
60 – 10
160 – 10
560 – 10
…

17
70 – 10
270 – 10
770 – 10
…

18
40 – 20
440 – 20
940 – 20
…

19
70 – 50
370 – 50
670 – 50
…

20
90 – 80
690 – 80
890 – 80
…

21
30 + 10
130 + 10
530 + 10
…

22
50 + 20
250 + 20
750 + 20
…

23
70 + 30
470 + 30
970 + 30
…

24
40 + 50
340 + 50
640 + 50
…

25
20 + 70
620 + 70
820 + 70
…

26
17 + 2
417 + 2
17 + 20
417 + 20
417 + 22

27
45 + 7
845 + 7
45 + 30
845 + 30
845 + 37

28
32 – 5
632 – 5
32 – 20
632 – 20
632 – 25

29
51 – 3
351 – 3
51 – 30
351 – 30
351 – 33

30
74 – 5
974 – 5
74 – 50
974 – 50
974 – 55

(31) Erfinde weitere Aufgabenreihen wie Nr. 26 bis 30.

32

+	1	6	40
43			
143			
543			

33

–	3	4	90
96			
196			
896			

34

35 Zauberzahl: 600

270		
180		220
		130

Rechenwege ausprobieren

Mein Rechenweg ?

$865 - 238 = 627$ ✓
$865 - 200 = 665$
$665 - 30 = 635$
$635 - 8 = 627$
K: 627, 827, 857, 865

$865 - 238 =$
– | –8
857 | 865
K:

$865 - 238 = 627$
865, 857, 827, 627
K:

Versuche selbst einen Rechenweg zu finden.
Vergleiche dann die verschiedenen Rechenwege.

① 865 – 238	③ 419 + 152	⑤ 920 – 461	⑦ 396 + 217	⑨ 625 – 386
② 594 – 367	④ 245 + 670	⑥ 782 – 751	⑧ 574 + 329	⑩ 378 + 499

S. 34, Nr. 11
476 - 300 = 176

Unterstreiche jeweils die Stellen, an denen sich etwas ändert.

⑪ 476 – 300	⑮ 586 – 40	⑲ 478 – 5	㉓ 793 – 202	㉗ 879 – 666
⑫ 804 – 500	⑯ 975 – 60	⑳ 635 – 4	㉔ 961 – 840	㉘ 798 – 468
⑬ 374 + 200	⑰ 129 + 60	㉑ 162 + 7	㉕ 425 + 305	㉙ 424 + 375
⑭ 246 + 400	⑱ 518 + 50	㉒ 840 + 9	㉖ 399 + 601	㉚ 239 + 761

㉛ Schreibe auf: Buchstabe, Name des Schiffes, Länge.

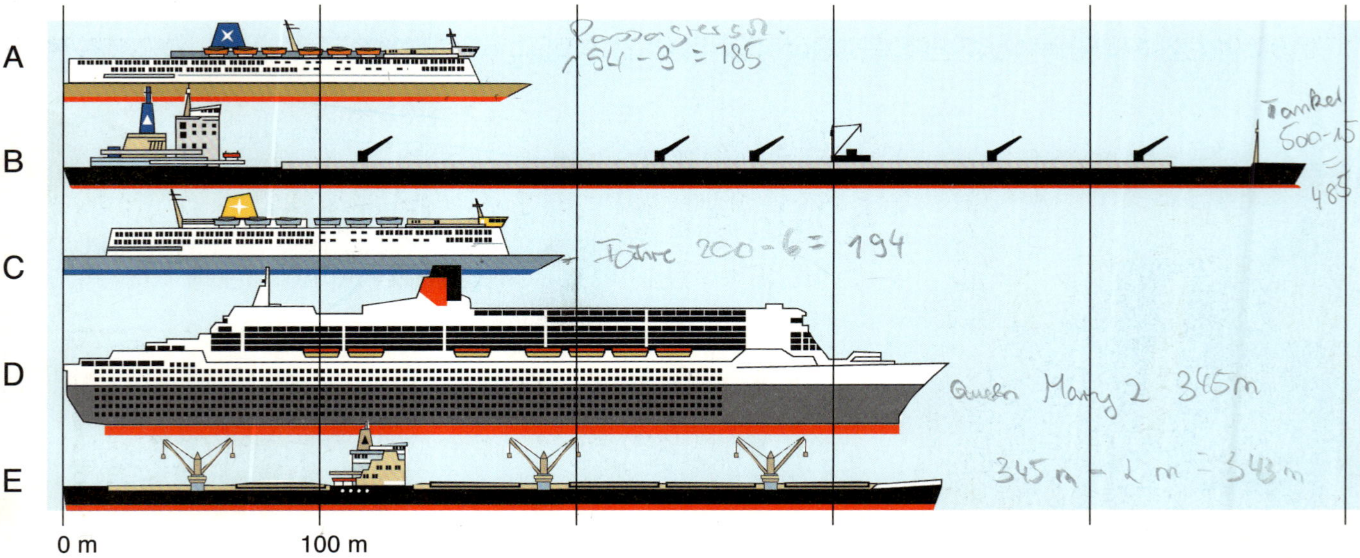

- Wenn das längste Schiff, der Tanker, 15 m länger wäre, hätte es eine Länge von 500 m.
- Der Fähre fehlen nur 6 m bis zu 200 m Länge.
- Die Fähre ist 9 m länger als das Passagierschiff.
- Das längste Passagierschiff der Welt, die Queen Mary 2, ist 345 m lang.
- Das Frachtschiff ist 2 m kürzer als die Queen Mary 2.

Schwierige Aufgaben über den Hunderter

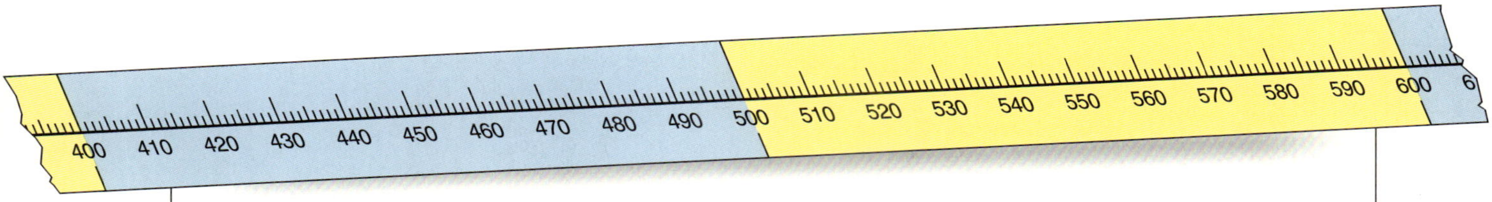

Probiere verschiedene Rechenwege aus, um diese Aufgaben zu lösen.

① 476 + ▢ = 519	② 497 + ▢ = 507	③ 518 – ▢ = 478	④ 507 – ▢ = 488
476 + ▢ = 919	497 + ▢ = 707	518 – ▢ = 378	507 – ▢ = 188

Rechne jeweils mindestens noch eine zusätzliche Aufgabe.

5	6	7	8	9
7 + 7	12 – 6	8 + 4	13 – 5	18 – 9
70 + 70	120 – 60	80 + 40	130 – 50	180 – 90
370 + 70	420 – 60	180 + 40	430 – 50	280 – 90
670 + 70	720 – 60	580 + 40	930 – 50	480 – 90
…	…	…	…	…

Schreibe wie bei Aufgabe 5 bis 9 weitere Aufgabenreihen über verschiedene Hunderter. Kontrolliere mit deinem Zahlenstrahl (Beilage 4).

10	11	12	13	14	15
6 + 6	14 – 7	11 – 5	8 + 8	15 – 8	7 + 5
60 + 60	140 – 70	…	…	…	…
…	…				

Rechne so weit du kannst. Fertig, los!

⑯	⑰	⑱	⑲	⑳	㉑
360 + 5	620 – 2	700 + 10	917 – 15	530 – 120	800 – 2
361 + 10	619 – 4	698 + 20	926 – 15	531 – 126	520 + 0
362 + 15	618 – 6	696 + 40	935 – 15	532 – 132	83 + 7
363 + 20	617 – 8	694 + 80	944 – 15	533 – 138	100 – 6
…	…	…	…	…	…

S.35, Nr. 22

500, 700, 680, 683, 583 ✓

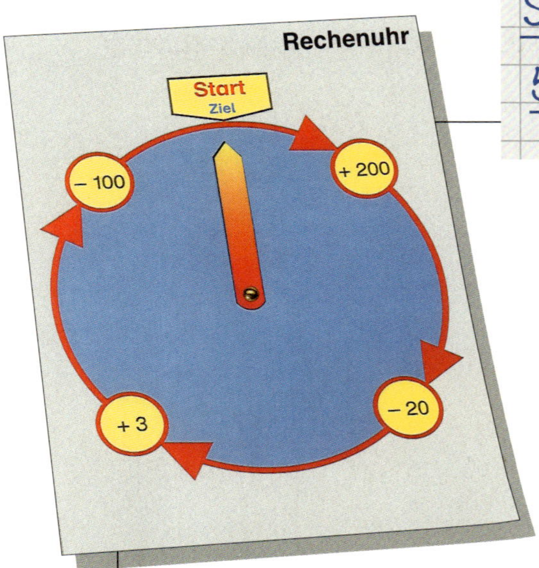

Nr. 22 bis 24: Spiel mit einer Runde
Nr. 25 bis 27: Spiel mit zwei Runden

Nr.	Start	Ziel
22	500	583
23	800	883
24	420	503

Nr.	Start	Ziel
25	350	516
26	570	736
27	238	404

Wie heißen die Zielzahlen? Bestimme sie, ohne alle Aufgaben durchzurechnen.

28 Startzahl 250, Zielzahl nach 3 Runden.
29 Startzahl 475, Zielzahl nach 5 Runden.
30 Startzahl 79, Zielzahl nach 11 Runden.

Rechnen über den Hunderter

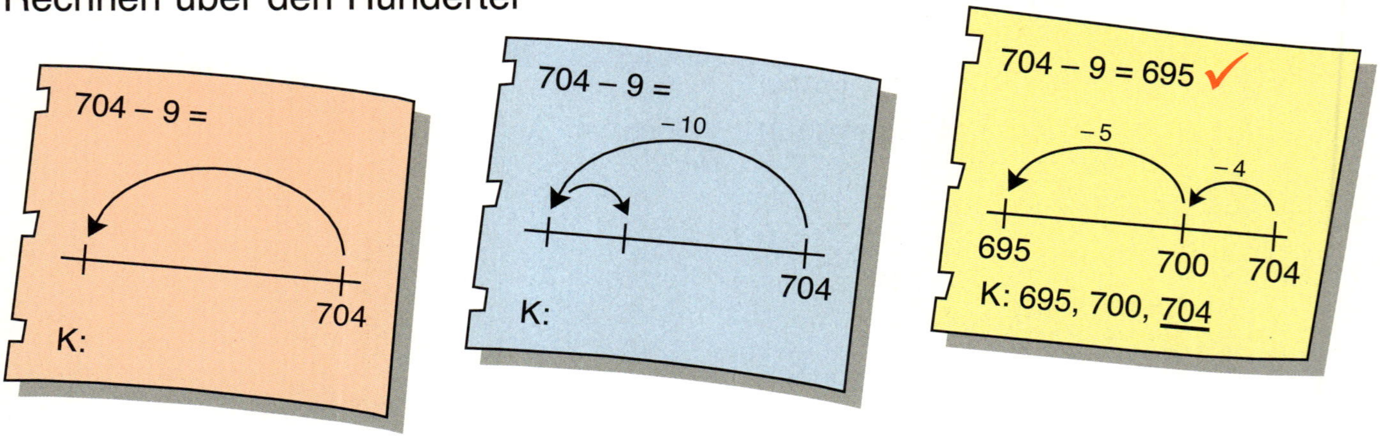

Suche deinen Rechenweg. Rechne am Zahlenstrich. Vergiss die Kontrolle nicht.

(1) 704 – 9	(3) 398 + 7	(5) 902 – 6	(7) 499 + 6	(9) 805 – 7
(2) 604 – 9	(4) 594 + 8	(6) 407 – 8	(8) 293 + 8	(10) 501 – 4

(11) Sprecht in der Rechenkonferenz über eure Erfahrungen mit den verschiedenen Rechenwegen.

Rechne jeweils mindestens noch eine zusätzliche Aufgabe.

12	13	14	15	16
7 + 5	13 – 4	8 + 8	15 – 7	12 – 9
97 + 5	103 – 4	98 + 8	105 – 7	102 – 9
197 + 5	203 – 4	198 + 8	505 – 7	602 – 9
397 + 5	603 – 4	498 + 8	705 – 7	902 – 9
…	…	…	…	…

(17) Schreibe wie bei den Aufgaben oben weitere Aufgabenreihen über verschiedene Hunderter.
Kontrolliere mit deinem Zahlenstrahl.

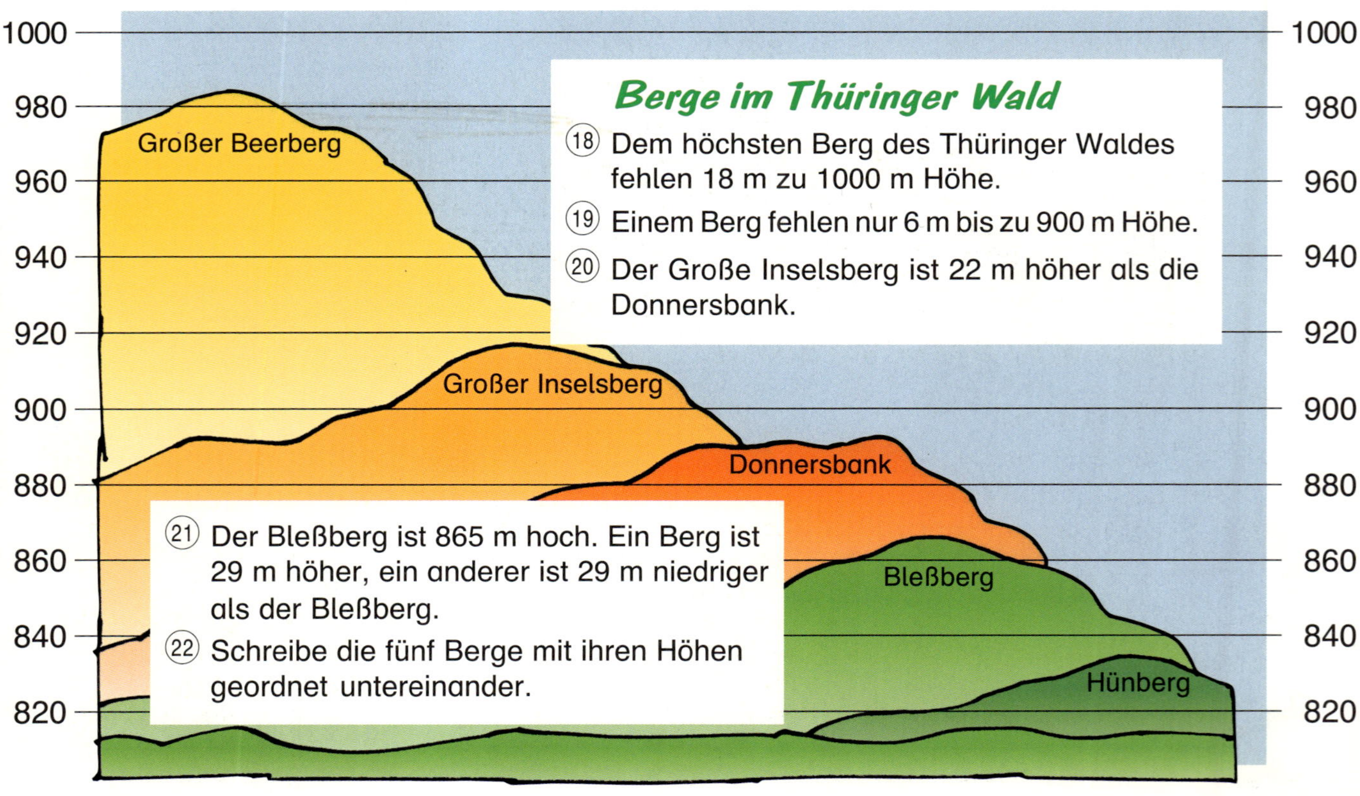

Berge im Thüringer Wald

(18) Dem höchsten Berg des Thüringer Waldes fehlen 18 m zu 1000 m Höhe.

(19) Einem Berg fehlen nur 6 m bis zu 900 m Höhe.

(20) Der Große Inselsberg ist 22 m höher als die Donnersbank.

(21) Der Bleßberg ist 865 m hoch. Ein Berg ist 29 m höher, ein anderer ist 29 m niedriger als der Bleßberg.

(22) Schreibe die fünf Berge mit ihren Höhen geordnet untereinander.

Geschickt rechnen und geschickt aufschreiben

So:

243 + 620 = 863 ✓

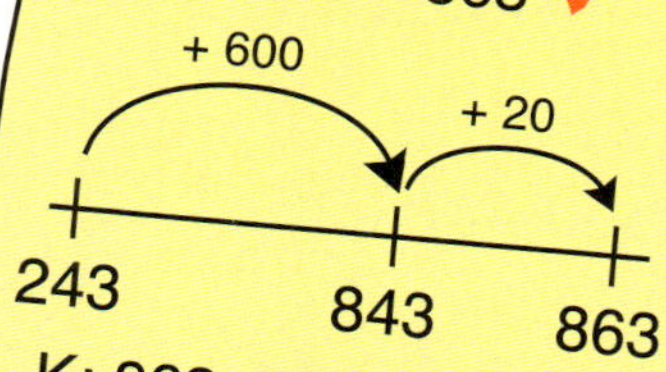

K: 863, 263, <u>243</u>

243 + 620 = 863 ✓
243 + 600 = 843
843 + 20 = 863

K: 243, 263, <u>863</u>

Oder kürzer:

243 + 620 = 863 ✓
243, 843, <u>863</u>

K: 620, 820, <u>863</u>

Oder noch kürzer:

243 + 620 = 863 ✓

K: 863, 263, <u>243</u>

Wähle deinen Rechenweg.
Rechne zur Kontrolle die Tausch- oder Umkehraufgabe.

(1) 243 + 620	(5) 660 + 190	(9) 790 + 106	(13) 570 + 54	(17) 458 + 372
(2) 462 + 330	(6) 130 + 580	(10) 240 + 305	(14) 380 + 62	(18) 516 + 356
(3) 726 + 150	(7) 350 + 370	(11) 599 + 207	(15) 790 + 88	(19) 812 + 139
(4) 480 + 320	(8) 560 + 250	(12) 674 + 109	(16) 930 + 64	(20) 736 + 288
(21) 940 – 380	(25) 830 – 540	(29) 230 – 65	(33) 793 – 240	(37) 888 – 559
(22) 940 – 320	(26) 360 – 270	(30) 750 – 73	(34) 658 – 110	(38) 972 – 985
(23) 680 – 540	(27) 510 – 380	(31) 820 – 58	(35) 490 – 250	(39) 565 – 499
(24) 790 – 690	(28) 940 – 170	(32) 660 – 71	(36) 909 – 790	(40) 903 – 720

Steinerne Brücke in Regensburg – die älteste Brücke Deutschlands.

(41) Ordne die Brücken
a) nach der Länge,
b) nach der Spannweite,
c) nach dem Alter.

(42) Vergleiche Alter und Spannweite der Brücken. Was fällt dabei auf?

(43) Berechne Unterschiede.

Name	Ort	Länge	Spannweite	Baujahr
Alte Brücke	Heidelberg (Neckar)	200 m	25 m	1788
Elbe-Brücke	Magdeburg	681 m	135 m	1978
Fehmarnsund-B.	Insel Fehmarn	963 m	248 m	1963
Gutach-Brücke	Titisee-Neustadt	752 m	101 m	1980
Severin-Brücke	Köln (Rhein)	691 m	302 m	1959
Steinerne Brücke	Regensburg (Donau)	312 m	15 m	1146
Teufelstal-Brücke	bei Jena	253 m	138 m	1938

Symmetrische Figuren herstellen und untersuchen

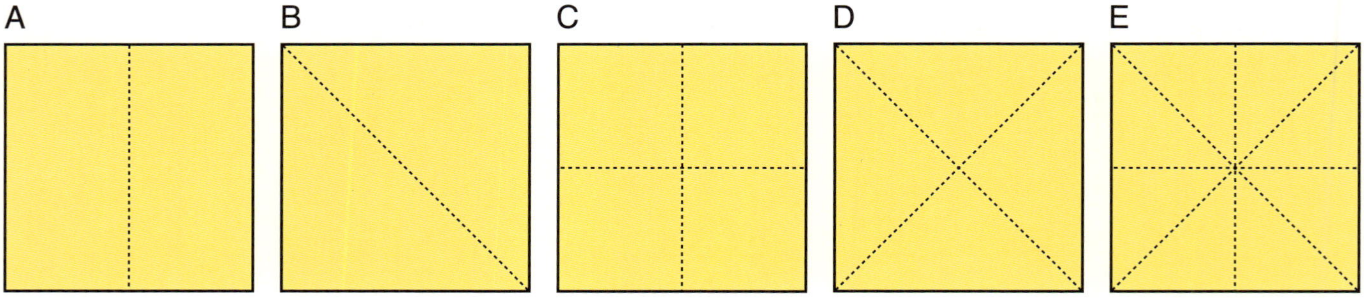

① Falte 5 quadratische Blätter wie bei A bis E.
Die entstandenen Teile sind bei jedem Blatt deckungsgleich.

② Schneide die gefalteten Blätter so aus, dass Muster entstehen.
Vergleiche deine 5 Scherenschnitte.

③ Klebe die Scherenschnitte in dein Heft. Zeichne jeweils die Faltlinien rot ein.

Bei diesen Scherenschnitten sind die Faltlinien Symmetrieachsen.
Die Scherenschnitte sind symmetrisch.

Hier sind Peters Scherenschnitte abgebildet.
Aus welchen der Faltungen A bis E hat Peter sie ausgeschnitten?

Experimentieren mit dem Spiegel

① Setze den Spiegel jeweils auf die rot eingezeichneten Linien. Vergleiche.

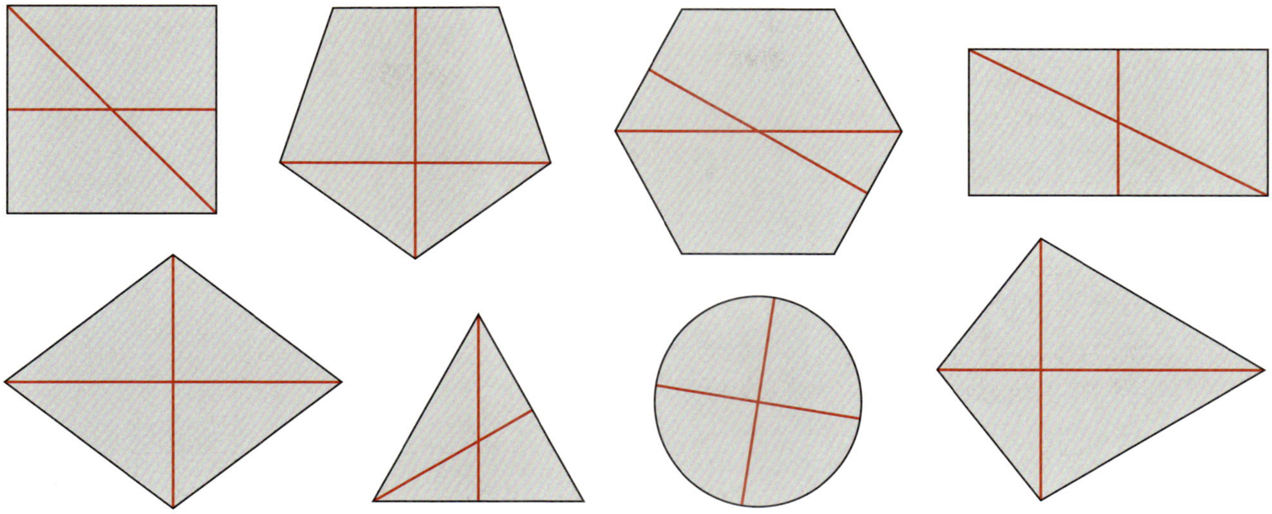

② Wie heißen die Wörter?

③ Untersuche die Großbuchstaben des ABC in Druckschrift.
Welche dieser Buchstaben haben eine oder mehrere Symmetrieachsen?

④ Spiegele die Buchstaben von verschiedenen Seiten.
Zeichne jeweils den Buchstaben, die Symmetrieachse und das Spiegelbild.

⑤ Spiegele andere Buchstaben auf mehrere Arten und zeichne sie.

Symmetrieachsen entdecken

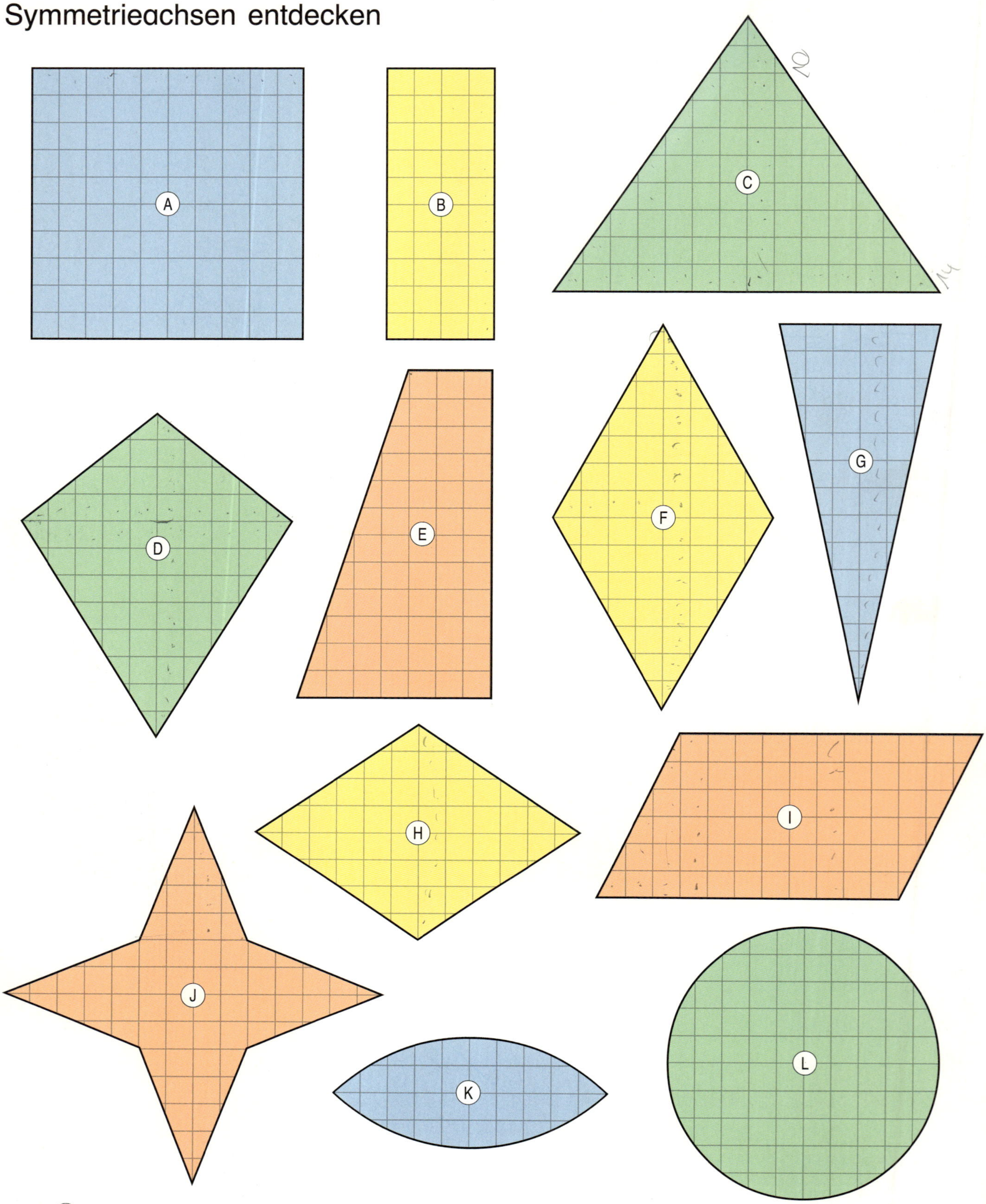

① Übertrage die Figuren A bis J auf ein kariertes Blatt. Zeichne zuerst die Eckpunkte.

② Schneide die Figuren aus und stelle durch Falten fest, ob die Figuren eine oder mehrere Symmetrieachsen haben.

3 Zeichne bei den Figuren A bis J alle Symmetrieachsen rot ein.

4 Bei welchen Figuren hast du keine Symmetrieachse eingezeichnet? Warum?

5 Übertrage die Figuren K und L auf ein kariertes Blatt. Verwende zum Zeichnen Schablonen, Dosen o. Ä.
Kannst du auch hier Symmetrieachsen entdecken?

Bild und Spiegelbild – Symmetrische Figuren

1 Zeichne die Figuren A bis I in dein Heft und ergänze sie symmetrisch.

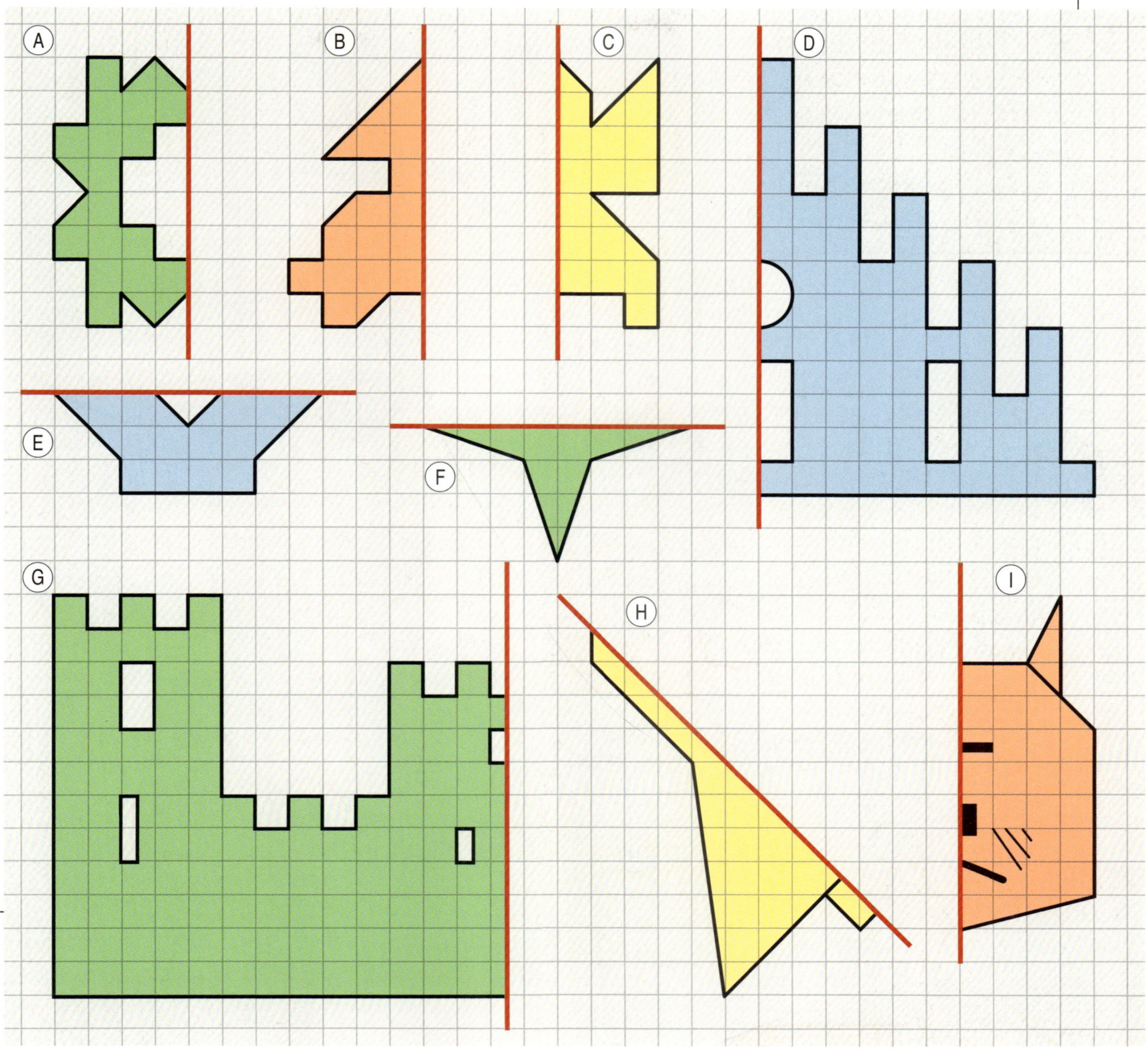

2 Zeichne die Figuren J bis L doppelt so lang und doppelt so breit (hoch) in dein Heft und zeichne dann das Spiegelbild dazu.

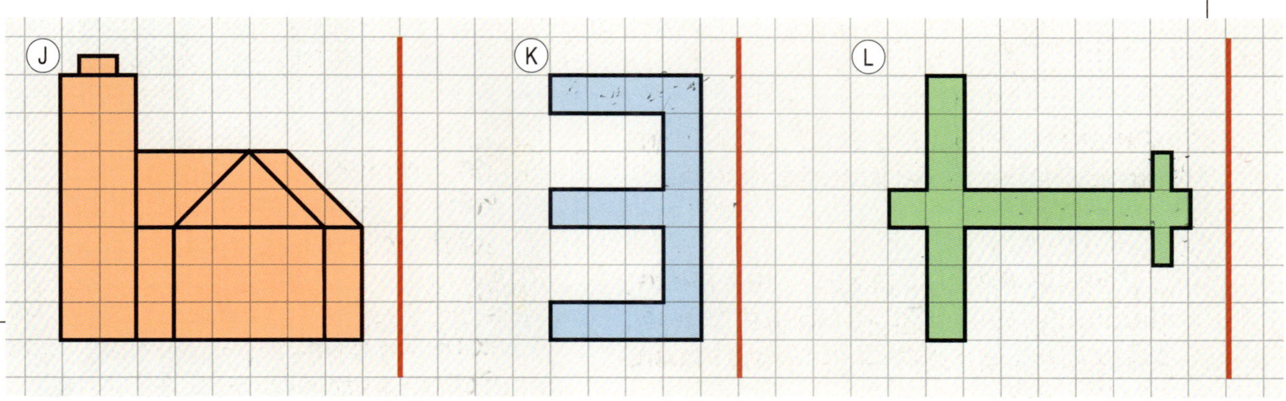

3 Zeichne eine Figur, zu der man kein Spiegelbild zeichnen kann.

Weitere Übungen auf Seite 116, 117 (Experimentieren am Geo-Brett).

Symmetrie in Kunst, Natur und Technik

Klosterkirche Maria Laach

Fensterrose des Straßburger Münsters

Einfamilienhaus, Stuttgart

Grundriss und Querschnitt
der Kathedrale Notre-Dame, Paris

① Sammle Bilder von Gebäuden, Kunstwerken, Alltagsgegenständen …
und überprüfe, ob sie symmetrisch sind.

② Zeichne freihand symmetrische Tiere (Schmetterlinge), Möbelstücke …

③ Wie müssten Pkw, Fahrräder, Menschen, Tiere … von der Seite aussehen, wenn sie symmetrisch wären. Zeichne freihand.

Rechne und kontrolliere.

(1) 670 + 250	(5) 430 + 46	(9) 580 – 330	(13) 693 – 150	(17) 792 – 476
(2) 480 + 310	(6) 566 + 108	(10) 770 – 460	(14) 435 – 42	(18) 819 – 538
(3) 230 + 650	(7) 370 + 319	(11) 750 – 780	(15) 999 – 250	(19) 602 – 244
(4) 140 + 690	(8) 888 + 43	(12) 830 – 580	(16) 555 – 167	(20) 924 – 678

Zeichne Scheine und Münzen, rechne, antworte.

(21) Nico kauft Fußballschuhe für 139 € und ein FC-T-Shirt für 39 €.

(22) Lena kauft eine Sporthose für 49 € und Trainingsschuhe für 129 €.

(23) Der Fernsehturm in Berlin ist 368 m hoch, der Fernsehturm in Moskau ist 540 m hoch.

(24) Die Steinerne Brücke ist 312 m lang, die Rheinbrücke bei Düsseldorf ist 677 m lang.

(25) Das Passagierschiff Titanic war 269 m lang. Die Queen Mary 1 war 36 m breit.

Wie viel bekommst du zurück?

(26) 6.99 

(27) 12.50 

(28) 5.17 

(29) 14.55 

(30) 38.28 

(31) 23.56 

(32) 43.90 

(33) 276.35 

(34) 569.50 

(35) Schreibe die Namen und Längen der Autos auf.
Der Smart ist 250 cm lang. Der Golf ist 165 cm länger. Dem Audi fehlen 20 cm zu 500 cm Länge. Zwei Smart zusammen sind 14 cm kürzer als der Mercedes.

(36) Pia und Ramon bekommen eine Schachtel Hasen-Pralinen geschenkt. In der Schachtel sind 6 Reihen mit je 7 Hasen-Pralinen. Pia schlägt vor: „Ich nehme alle Hasen-Pralinen außen herum, und du bekommst den Rest."

(37) Ein 100-€-Schein soll in 1-€-Stücke, 2-€-Stücke, 5-€-Scheine gewechselt werden. Es sollen zehnmal so viele 1-€-Stücke wie 2-€-Stücke sein.

(38) Pauline entdeckt in einem Spielwarengeschäft ihren Wunsch-Puppenwagen für 139 €. Sie bekommt monatlich 20 € Taschengeld; 5 € ihres Taschengeldes benötigt sie für persönliche Ausgaben. Zu Ostern im April schenkt ihr Oma immer 50 €. In welchem Monat kann Pauline den Kinderwagen frühestens kaufen, wenn sie von Januar an das restliche Taschengeld und das Oma-Geschenk für den Puppenwagen zurücklegt?

Geschickt multiplizieren

Klaus:
3 · 128 =
3 · 100 =
3 ·

Anja:
3 · 128 =
100 + 100 +

Dana:
3 · 128 =
3 · 100 =
3 · 30 =

① 3 · 128 ② 16 · 9 ③ 7 · 50 ④ 5 · 68 ⑤ 4 · 160 ⑥ 3 · 259

S. 44, Nr. 7

(10) (10) (10) (10) (10) (10) (10)
(5) (5) (5) (5) (5) (5) (5)

7 · 15 = 105 ✓
7 · 10 = 70
7 · 5 = 35

Zuerst die Zehner und dann ...

Zeichne zu einigen Aufgaben von Nr. 8 bis 12.

⑦ 7 · 15 ⑩ 6 · 12 ⑬ 4 · 14 ⑯ 13 · 4 ⑲ 16 · 9 ㉒ 4 · 26
⑧ 3 · 15 ⑪ 9 · 12 ⑭ 6 · 16 ⑰ 18 · 3 ⑳ 17 · 7 ㉓ 3 · 38
⑨ 6 · 15 ⑫ 7 · 12 ⑮ 8 · 17 ⑱ 14 · 5 ㉑ 19 · 6 ㉔ 7 · 43

S. 44, Nr. 25

(5) (5) (5) (5) (5) (5) (5)   (50) (50) (50) (50) (50) (50) (50)

7 · 5 = 35 ✓   7 · 50 = 350 ✓

Zeichne zu den Aufgaben 26 und 27.

㉕ 7 · 5, 7 · 50 ㉖ 3 · 5, 3 · 50 ㉗ 6 · 5, 6 · 50 ㉘ 5 · 6, 5 · 60 ㉙ 6 · 7, 6 · 70 ㉚ 9 · 8, 9 · 80

31

·	50	6	56
4			
6			
5			
7			
3			
9			

32

·	30	8	38
5			
10			
4			
8			
2			
7			

33

·	40	7	47
10	400	70	470
9	360	63	323
4	160	28	188
8	320	56	376
7	280	49	329
0	0	0	0

34

·			69
3			
6			
9			
5			
10			
7			

35

·			
2			
4			
1	70		
5		15	
8			
7			

 Weitere Übungsaufgaben auf Seite 128.

Große Zahlen multiplizieren

So:

4 · 132 = 528 ✓
4 · 100 = 400
4 · 30 = 120
4 · 2 = 8

Oder kürzer:

4 · 132 = 528 ✓
400, 120, 8, 528

Oder ganz kurz:

4 · 132 = 528 ✓

Wähle deinen Rechenweg.
Fasse geschickt zusammen.

① 

② 

③ 

④ 

⑤ 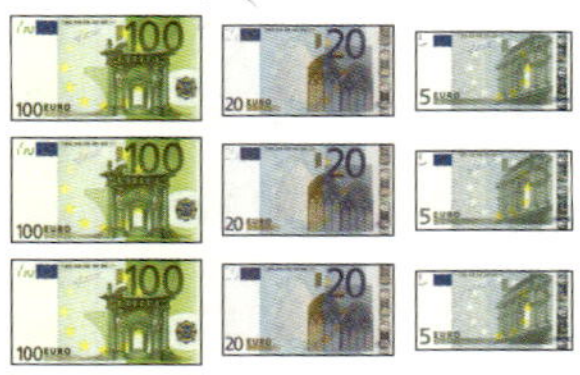

⑥ 

Schreibe und rechne wie bei Aufgabe 1.

⑦ 5 · 120	⑨ 2 · 270	⑪ 6 · 105	⑬ 7 · 142	⑮ 9 · 111
⑧ 4 · 130	⑩ 2 · 280	⑫ 3 · 308	⑭ 8 · 118	⑯ 6 · 157

17	18	19	20	21
3 · 4 = 12	6 · 3	4 · 7	5 · 8	9 · 10
3 · 40 = 120	6 · 30	4 · 70	50 · 8	90 · 10
3 · 14 = 42	6 · 13	4 · 17	15 · 8	19 · 10
3 · 104 = 312	6 · 103	4 · 107	105 · 8	109 · 10
3 · 140 = 420	6 · 130	4 · 170	150 · 8	190 · 10
3 · 114 = 342	6 · 113	4 · 117	115 · 8	119 · 10

㉒ Erfinde Aufgabenreihen zu anderen Einmaleinsaufgaben.

23 Zu jeder der fünf Aufgabenreihen (Nr. 17 bis 21) kannst du jeweils noch weitere passende Aufgaben finden.

24 Jeder der Beträge von 1 ct bis 99 ct soll mit möglichst wenig Münzen dargestellt werden. Zeichne die Münzen, die du mindestens brauchst, um jeden der Beträge nacheinander darstellen zu können.

25 Sirus behauptet: „Zwei Geldscheine kann man nicht in zwölf Münzen wechseln!" Iris meint lachend: „Wenn du etwas mehr Ausdauer hättest, würdest du sogar mehrere Möglichkeiten finden!"

Geschickt multiplizieren – Sachaufgaben

Partnerarbeit
- Überlegt Fragen!
- Färbt auf dem Arbeitsblatt wichtige Angaben!
- Streicht unnötige Angaben!
- Rechnet und kontrolliert!
- Schreibt eine oder mehrere Antworten!
- Vergleicht die verschiedenen Rechenwege! (Rechenkonferenz)

1 Das Theater von Blumenfeld hat 400 Sitzplätze. Die Klasse 3a besuchte die Aufführung des Märchens „Der Zauberer Rasula“. Es waren 20 Schüler und 6 Erwachsene. Der Eintritt betrug für Schüler 4 €, für Erwachsene 7 €. ~~Die Aufführung dauerte 1 Stunde und 20 Minuten.~~

2 Herr Stoll ist jetzt 42 Jahre alt. Er ist seit 9 Jahren Sportlehrer. Er kauft neue Tennisbälle: 20 Dosen mit je 3 Bällen und 10 Dosen mit je 6 Bällen. Eine 3er-Dose kostet 9 €, eine 4er-Dose 10 € und eine 6er-Dose 12 €. Herr Stoll hat für die Tennisbälle 250 € eingeplant.

3 Die Talschule hat 16 Klassenzimmer. Im Theatersaal der Schule stehen 10 Reihen mit je 20 Stühlen. Bei der letzten Vorführung mussten 17 Zuschauer stehen.

4 Frau Schulz ist 28 Jahre alt. Sie ist schon seit 3 Jahren im Büro der Firma Inter-Transport beschäftigt. Sie arbeitet täglich 8 Stunden. Im April arbeitete sie an 20 Tagen, im Mai an 18 Tagen. Im Juni hatte Frau Schulz Urlaub.

5 Die Klasse 3b (26 Schülerinnen und Schüler) hat pro Woche 7 Stunden Deutsch, 5 Stunden Mathematik, 2 Stunden Englisch und 2 Stunden Religionslehre. Außerdem gibt es noch Förderunterricht und Unterricht in weiteren Fächern. Ein Jahr hat 40 Schulwochen.

6 Frau Blümchen möchte im Hotel Sonne Urlaub machen. Ein Zimmer mit Frühstück kostet pro Tag 60 €. Für Essen und Trinken u. a. rechnet sie pro Tag 30 €. Sie muss bis zum Hotel 360 km fahren. Frau Blümchen hat für den Urlaub 1000 € gespart.

7 So rechneten die Ägypter vor etwa 4000 Jahren. Sie kannten kein Einmaleins und rechneten doch große Malaufgaben. Erklärt die Lösungswege.

$9 \cdot 14 = \square$	
1	14
~~2~~	~~28~~
~~4~~	~~56~~
8	112
9	126

$16 \cdot 15 = \square$	
~~1~~	~~15~~
~~2~~	~~30~~
~~4~~	~~60~~
~~8~~	~~120~~
16	240

Rechne wie die alten Ägypter.

(8) $8 \cdot 13$	(11) $16 \cdot 12$	(14) $9 \cdot 13$	(17) $9 \cdot 12$	(20) $17 \cdot 12$	(23) $32 \cdot 30$
(9) $8 \cdot 17$	(12) $16 \cdot 14$	(15) $9 \cdot 15$	(18) $9 \cdot 16$	(21) $17 \cdot 15$	(24) $17 \cdot 40$
(10) $8 \cdot 19$	(13) $16 \cdot 18$	(16) $9 \cdot 17$	(19) $9 \cdot 18$	(22) $17 \cdot 20$	(25) $18 \cdot 23$

Große Zahlen dividieren – Sachaufgaben lösen

(1) Hundert Dosen sind in diesen Kartons verpackt.

(2) Uli möchte 76 Fotos einkleben.

(3)

S. 47, Nr. 4

42 : 3 = 14 ✓   K: 30, 12, 42

30 : 3 = 10
12 : 3 = 4

Zuerst zerlegen!

(4) 42 : 3	(8) 65 : 5	(12) 98 : 7	(16) 108 : 9	(20) 175 : 7
(5) 51 : 3	(9) 95 : 5	(13) 77 : 7	(17) 144 : 9	(21) 270 : 9
(6) 60 : 4	(10) 90 : 6	(14) 112 : 8	(18) 170 : 10	(22) 300 : 20
(7) 76 : 4	(11) 108 : 6	(15) 160 : 8	(19) 200 : 10	(23) 420 : 30

Überlege Fragen!
Färbe auf dem Arbeitsblatt!
Zeichne, wenn nötig!
Rechne!
Kontrolliere!
Antworte!

24 Auf dem Verladeplatz stehen 156 Pkw. 96 Pkw sollen heute nach Stuttgart transportiert werden. Der Transporter startet um 7 Uhr. Er kann jeweils 8 Pkw laden.

25 90 Dosen sollen in Sechserkartons verpackt werden. Frau Hott rechnet pro Karton 40 Sekunden Arbeitszeit.

26 Ida möchte ein Lexikon für 28 € kaufen. Das Buch enthält 365 Farbfotos. Ida spart für das Lexikon jede Woche 2 €.

27 Rahel erhält von ihren Eltern für eine siebentägige Reise 90 € Taschengeld. In den ersten beiden Tagen gibt Rahel bereits 20 € aus.

28 60 Personen wollen auf den Hochberg fahren. In einer Kabine haben jeweils 4 Personen Platz. Eine Fahrt zum Hochberg dauert etwa 7 Minuten.

29 Tante Ulla schenkt Lena, Klaus und Ina 65 €. Klaus soll 5 € mehr bekommen als seine beiden Schwestern. Ina möchte sich 3 CDs für 22,90 € kaufen.

S. 48, Nr. 1

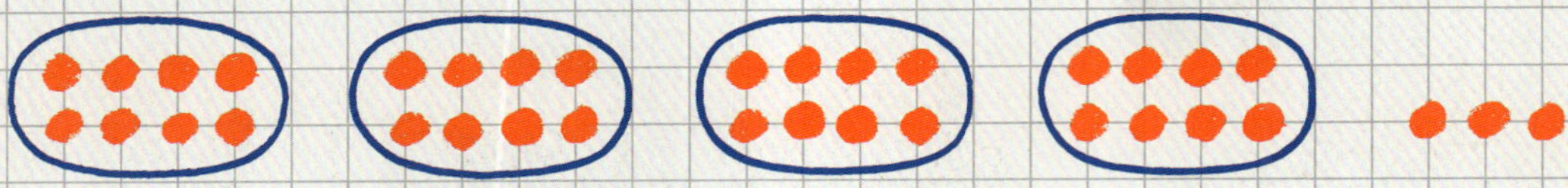

35 : 8 = 4 Rest 3 ✓   K: 4 · 8 + 3 = 35

Es gibt 4 Fahrten mit 8 Pkw und 1 Fahrt mit 3 Pkw.

① Auf einem Verladeplatz stehen 35 Autos. Der Transportwagen kann jeweils 8 Pkw laden.

② 46 Dosen sollen in Achterkartons verpackt werden.

③ Ida möchte ein Buch für 14 € kaufen. Sie spart jede Woche 3 €.

④ Susi möchte 17 Rosen möglichst gleichmäßig auf 2 Vasen verteilen.

⑤ Ein Kleinlaster soll 7 Kisten transportieren. Bei jeder Fahrt kann er 10 Kisten laden.

⑥ Ralf erhält von seinen Eltern für eine fünftägige Freizeit 26 € Taschengeld.

⑦ 33 Personen wollen auf den Hexentanzplatz fahren. In eine Kabine können jeweils 4 Personen einsteigen.

⑧ Onkel Theo schenkt Vroni, Edi und Georg 50 €. Vroni soll doppelt so viel bekommen wie ihre beiden Brüder.

⑨ 50 Dosen sollen verpackt werden. In einem Karton sollen mindestens 4 Dosen sein. Suche 8 Möglichkeiten.

S. 48, Nr. 10

74 : 7 = 10 R 4 ✓   K: 10 · 7 + 4 = 74

⑩ 74 : 7	⑬ 21 : 4	⑯ 98 : 9	⑲ 35 : 6	㉒ 46 : 8	㉕ 40 : 3
⑪ 39 : 7	⑭ 35 : 4	⑰ 56 : 9	⑳ 50 : 6	㉓ 85 : 8	㉖ 67 : 5
⑫ 44 : 7	⑮ 43 : 4	⑱ 26 : 9	㉑ 62 : 6	㉔ 78 : 8	㉗ 37 : 2

Rechne so weit du kannst. Fertig, los!

㉘ 49 : 7	㉙ 9 : 9	㉚ 10 : 10	㉛ 9 : 3	㉜ 110 : 10	㉝ 3 : 3	㉞ 0 : 7
56 : 7	18 : 9	30 : 10	16 : 4	220 : 10	9 : 3	0 : 14
63 : 7	36 : 9	90 : 10	25 : 5	330 : 10	27 : 3	0 : 21
…	…	…	…	…	…	…

㉟ Erfinde weitere Aufgabenreihen zum Weiterrechnen. Fertig, los!

1

S. 4 9, Nr. 1

Anzahl der Rosen	Preis in €
12	24
6	12
1	

(:2 — :2)

Zeichne die Tabellen und trage die fehlenden Angaben ein.

2

Anzahl der Autos	Preis in €
1	6
5	30
10	
	12
	24
	48

3

Anzahl der Brezeln	Preis in ct
1	50
2	
4	
8	
3	
6	

4

Anzahl der Wochen	Anzahl der Tage
1	7
3	
	28
	70
8	
9	

5

Anzahl der Rohre	Länge in m
6	54
1	
2	
	45
	90
12	

6

Anzahl der Blumen	Preis in €
25	40
50	80
75?	120
100?	160
125?	200
1	1,60

7 Kann Herr Schmitt bei der großen Packung sparen? Zeichne Tabellen und vergleiche die Preise.

8 Silke überlegt, ob sie 3er-Dosen, 4er-Dosen oder 6er-Dosen kaufen soll.

(9) 75 : 5	(11) 96 : 8	(13) 105 : 7	(15) 45 : 6	(17) 40 : 9	(19) 20 : 3
(10) 52 : 4	(12) 120 : 8	(14) 180 : 9	(16) 76 : 10	(18) 33 : 2	(20) 66 : 7

Zahlen runden

① Sprecht über die Preise und überlegt, wie die beiden Kinder gerechnet haben.

Welches ist die richtige Summe? Rechne im Kopf mit gerundeten Zahlen.

②

ⓐ 38,70 €
ⓑ 47,20 €
ⓒ 41,30 €
ⓓ 44,10 €

③

ⓐ 41,36 €
ⓑ 44,17 €
ⓒ 48,67 €
ⓓ 47,07 €

Welche Zahl ist näher? – **Partnerarbeit**

Vereinbarung: Ist der Abstand zu beiden runden Zahlen gleich groß, wird zur größeren Zahl aufgerundet.

Nr.			Zahl		
4	~~rund 300~~	← −65	365	+35 →	rund 400
5	~~rund 400~~	← −50	450	+50 →	rund 500
6	rund 800	← −49	849	+51 →	~~rund 900~~
7	rund 40	←	41	→	rund 50
8	rund 60	←	67	→	rund 70
9	rund 70	←	75	→	rund 80
10	rund 900	←	982	→	rund 1000
11	rund 600	←	650	→	rund 700
12	rund 500	←	549	→	rund 600
13	rund 200	←	267	→	rund 300

⑭ Überlege mit deinem Partner, ob Runden sinnvoll ist oder nicht.
(Die genaue Zahl steht jeweils in Klammern.)

a) Jonas ist rund 1 m groß. (89 cm)
b) Die Milch hat rund 1 € gekostet. (98 ct)
c) Wir sind rund 500 km gefahren. (496 km)
d) Oma ist rund 100 Jahre alt. (76 Jahre)
e) Es wurden rund 1000 Bäume gefällt. (994)
f) Die Telefonnummer ist rund 9000. (8764)

⑮ Sucht in Zeitungen, Lexika … gerundete Zahlen und sprecht darüber.

Geldbeträge runden

S.51, Nr. 1
7,85 € ≈ 8 €
9,12 € ≈ 9 €
2,50 € ≈ 3 €

≈ **bedeutet rund**

Runde auf volle Euro.

1	2	3	4	5	6
7,85 €	0,99 €	17,40 €	38,01 €	60,06 €	0,10 €
9,12 €	9,09 €	25,60 €	10,49 €	29,61 €	0,01 €
2,50 €	6,49 €	59,50 €	99,39 €	33,33 €	0,49 €

S.51, Nr. 7
26 € ≈ 30 €
11 € ≈

Wie viel Euro etwa? Runde wie im Beispiel auf volle Zehner.

7	8	9
26 €	37,80 €	40,99 €
11 €	56,10 €	75,01 €
65 €	6,40 €	14,99 €

S.51, Nr. 10
460 € ≈ 500 €
350 € ≈

Runde wie im Beispiel auf volle Hunderter.

10	11	12
460 €	554 €	949 €
350 €	709 €	950 €
170 €	89 €	951 €

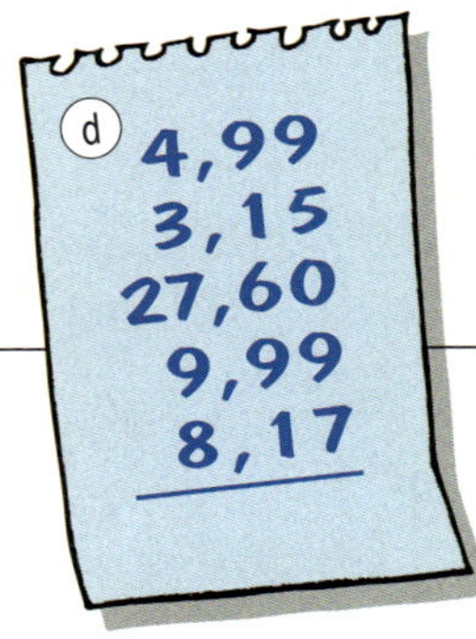

(13) Ordne jeder Rechnung die richtige Summe zu. Rechne im Kopf mit gerundeten Zahlen.

528 € | 46,50 € | 41,30 € | 469 € | 53,90 € | 498 €

Rechne so weit du kannst. Fertig, los!

(14)	(15)	(16)	(17)	(18)	(19)	(20)
7 · 2	36 : 1	94 – 11	239 + 11	50 : 2	4 · 7	35 + 12
7 · 4	36 : 2	94 – 22	239 + 22	100 : 2	4 · 17	24 · 1
7 · 6	36 : 3	94 – 33	239 + 33	200 : 2	4 · 27	47 – 30
…	…	…	…	…	…	…

Texten und Belegen Informationen entnehmen – Fragen finden

① Familie Schmoll (Vater, Mutter, 2 Kinder) will den Zirkus Zampolini besuchen. Die beiden Kinder müssen nur den halben Preis bezahlen.

② Frau Berg bezahlt ihre Regio-Karte mit einem 100-€-Schein.

③ Herr Steiger lädt einen Geschäftsfreund zum Essen in das Gasthaus Blessinghof ein. Er bestellt zweimal die teuerste Spezialität. Für Getränke werden 18 € berechnet.

④ Familie Greif will am Sonntag im Gasthaus Blessinghof essen. Vater bestellt ein Menü für 17 €, Mutter und Inge wollen Leber essen. Die Getränke kosten 19 €.

⑤ Frau Sauer kauft eine Heckenschere und bezahlt mit 50 €.

⑥ Herr Grün kauft einen Spaten und bezahlt mit 100 €.

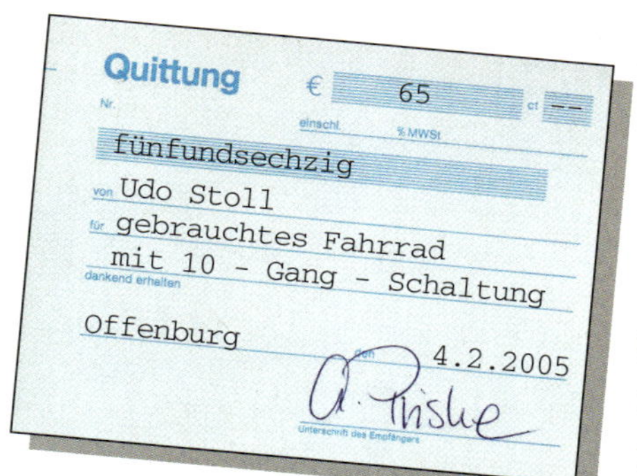
Quittung
€ 65
fünfundsechzig
von Udo Stoll
für gebrauchtes Fahrrad
mit 10 - Gang - Schaltung
dankend erhalten
Offenburg 4.2.2005
A. Fische
Unterschrift des Empfängers

⑦ Udo kauft das gebrauchte Fahrrad, obwohl er erst 47 € gespart hat. Vater gibt den Rest dazu.

⑧ Frau Muri bezahlt den Spaten mit 3 Scheinen und 9 Münzen.

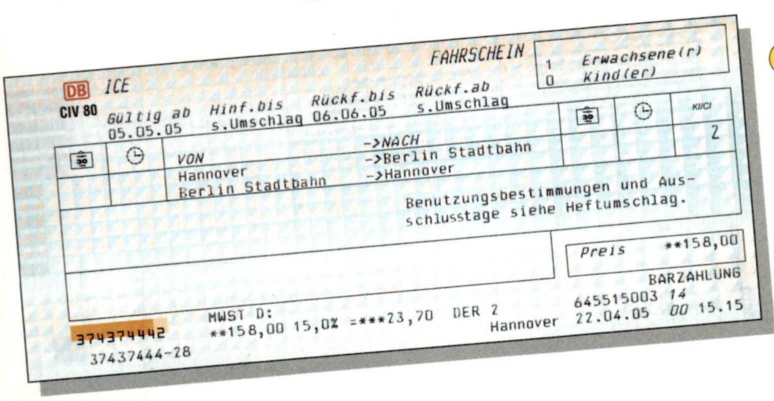
DB ICE FAHRSCHEIN
CIV 80
1 Erwachsene(r)
0 Kind(er)
Gültig ab 05.05.05 | Hinf.bis s.Umschlag | Rückf.bis 06.06.05 | Rückf.ab s.Umschlag
2
VON Hannover Berlin Stadtbahn ->NACH ->Berlin Stadtbahn ->Hannover
Benutzungsbestimmungen und Ausschlusstage siehe Heftumschlag.
Preis **158,00
BARZAHLUNG
374374442
37437444-28
MWST D: **158,00 15,0% =***23,70 DER 2 Hannover 645515003 14 22.04.05 00 15.15

⑨ Herr und Frau Müller aus Hannover fahren mit ihrer achtjährigen Nichte Claudia am Freitag mit dem ICE nach Berlin. Frau Müller kauft die Fahrkarten. Für Claudia muss sie nur den halben Fahrpreis bezahlen. In Berlin geben sie für U-Bahn, S-Bahn usw. 48 € aus. Am Sonntagabend fahren sie nach Hannover zurück.

1 5 · 60　2 3 · 70　3 7 · 90

4 13 · 8　5 16 · 9　6 18 · 4

7 8 · 106　8 6 · 104　9 9 · 107

10 3 · 45　11 4 · 82　12 7 · 36

13 8 · 114　14 5 · 218　15 7 · 132

16

Anzahl der Bälle	1	2	4	8	3	6	9	10	20			
Preis in €	14	28	56	112	42	84	126	140	280			

Rechne zu jeder Aufgabe die Kontrolle.

(17) 45 : 3　(18) 54 : 3

(19) 64 : 4　(20) 90 : 5

(21) 72 : 6　(22) 114 : 6

(23) 105 : 7　(24) 133 : 7

(25) 104 : 8　(26) 152 : 8

(27) 108 : 9　(28) 180 : 9

Kontrolle nicht vergessen.

(29) 41 : 5　(30) 25 : 3

(31) 78 : 10　(32) 17 : 2

(33) 43 : 6　(34) 65 : 6

(35) 60 : 7　(36) 48 : 7

(37) 70 : 9　(38) 38 : 9

(39) 86 : 8　(40) 74 : 8

(41) Frau Reiner geht mit ihren beiden Töchtern Ilse und Andrea in den Zirkus. Erwachsene bezahlen 14 €, Kinder die Hälfte. Frau Reiner bezahlt mit 100 €.

(42) Lena klebt 52 Bilder ein, immer 4 auf eine Seite.

(43) 26 Kinder sitzen auf 20 Stühlen. Die Lehrerin hat einen eigenen Stuhl.

(44) In einem Saal stehen 4 Reihen mit je 20 Stühlen, 6 Reihen mit je 10 Stühlen und 2 Reihen mit je 30 Stühlen.

(45) Timo möchte ein Buch für 23 € kaufen. Er spart jede Woche 3 €.

(46) René verteilt seine Sammlung von Tierbildern gleichmäßig an 7 Freunde. Suche 10 mögliche Lösungen.

Runde auf €.

47 8,16 €　48 6,50 €

49 12,49 €　50 15,69 €

Runde auf Zehner.

51 47 €　52 83,50 €

53 19,90 €　54 74 €

Runde auf Hunderter.

55 339 €　56 678 €

57 550 €　58 913 €

a
4,99
1,99
3,49
12,—

b
5,—
4,99
16,99
8,49

c
294,—
186,—
379,—

d
3,99
8,49
7,50
9,99

e
217,—
115,—
327,—

59 Ordne jeder Rechnung die passende Summe zu.
Rechne im Kopf mit gerundeten Zahlen.

859 €　659 €　35,47 €　29,97 €　22,47 €　739 €

Isabell hat 214 € gespart.
Von ihren Großeltern bekommt sie 135 €.
Wie viel Geld hat Isabell jetzt?

	H	Z	E	
	2	1	4	① Aufgabe aufschreiben und beide Zahlen mit Geld darstellen.
+	1	3	5	② Geld zusammenfassen.
	3	4	9	③ Ergebnis feststellen und aufschreiben.

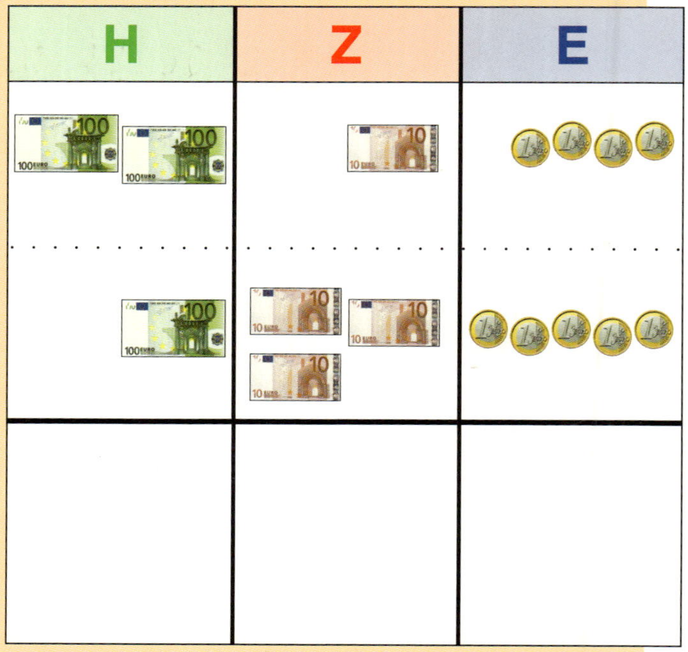

S.54, Nr. 1

  214
+ 135
―――
  349

4 + 5 = 9 schreibe 9.
1 + 3 = 4 schreibe 4.
2 + 1 = 3 schreibe 3.

① 214 + 135	④ 728 + 71	⑦ 435 + 62	⑩ 203 + 595	⑬ 43 + 824
② 603 + 251	⑤ 36 + 962	⑧ 347 + 421	⑪ 765 + 34	⑭ 78 + 321
③ 195 + 702	⑥ 529 + 70	⑨ 162 + 17	⑫ 864 + 135	⑮ 46 + 932

S.54, Nr. 16

2 H 14 Z = 3 H 4 Z = 340

Lege mit Spielgeld, tausche und schreibe die Zahlen.

⑯ 2 H 14 Z	⑲ 6 H 10 E	㉒ 2 H 13 Z 5 E	㉕ 1 H 10 Z 10 E
⑰ 5 H 16 Z	⑳ 7 H 15 E	㉓ 6 H 10 Z 2 E	㉖ 4 H 16 Z 12 E
⑱ 3 H 10 Z	㉑ 1 H 19 E	㉔ 8 H 18 Z 3 E	㉗ 9 H 10 Z 1 E

Schriftlich addieren mit Übertrag

Bei einem Schulfest zu Gunsten von UNICEF wurden für selbst gebastelte Geschenkartikel 218 € und für Kuchen und Getränke 124 € eingenommen. Wie viel Geld konnte gespendet werden?

	H	Z	E
	2	1	8
+	1	2	4

1 Aufgabe aufschreiben und Zahlen mit Geld darstellen.

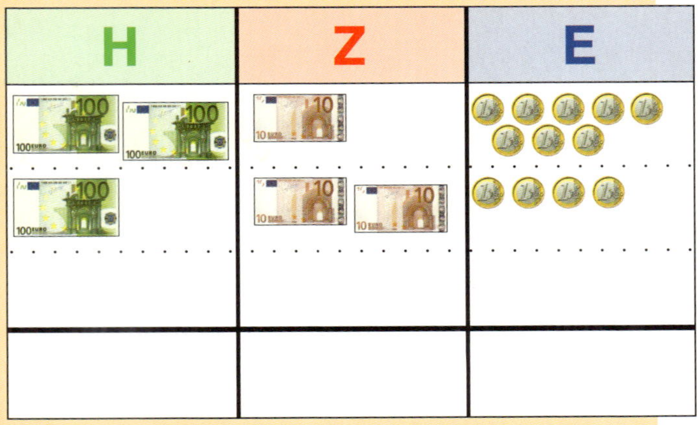

	H	Z	E
	2	1	8
+	1	2	4
			12

2 Einer zusammenfassen.

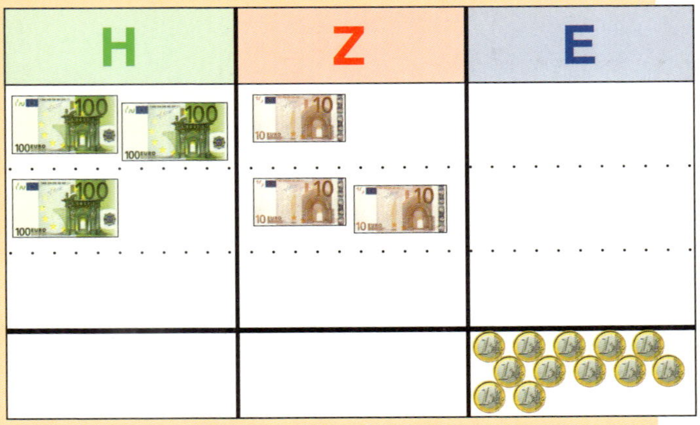

	H	Z	E
	2	1	8
+	1	2	4
		1	
			12

3 Sind es 10 oder mehr, die 10 wechseln, Ergebnis aufschreiben.

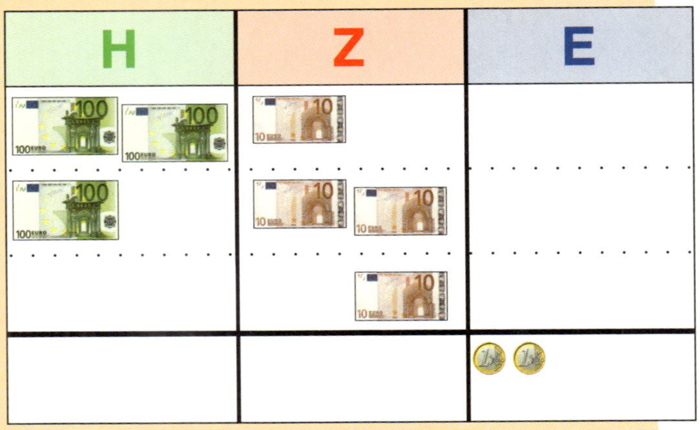

	H	Z	E
	2	1	8
+	1	2	4
		1	
	3	4	2

4 Weiter zusammenfassen, Ergebnis feststellen und aufschreiben.

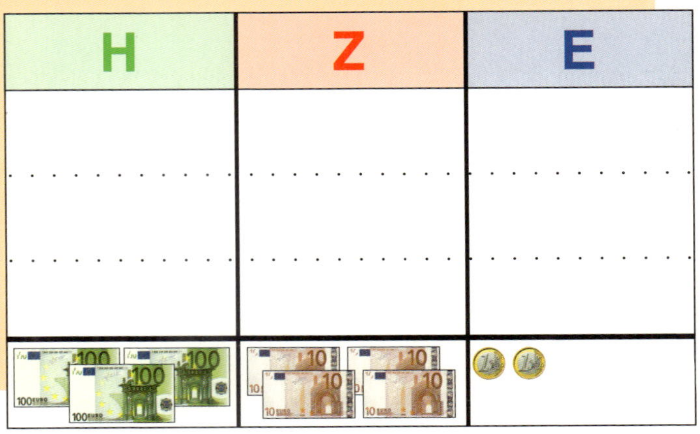

S.56, Nr.1

```
  218
+ 124
   1
-----
  342 ✓
```

* **8 + 4 = 12 schreibe 2, übertrage 1.**
1 + 2 + 1 = 4 schreibe 4.
2 + 1 = 3 schreibe 3.
!

(1) 218 + 124	(5) 367 + 204	(9) 426 + 385	(13) 377 + 268	(17) 416 + 295
(2) 412 + 395	(6) 272 + 397	(10) 88 + 793	(14) 809 + 187	(18) 23 + 482
(3) 367 + 215	(7) 563 + 96	(11) 909 + 47	(15) 296 + 307	(19) 308 + 425
(4) 109 + 888	(8) 76 + 853	(12) 53 + 947	(16) 644 + 356	(20) 275 + 240

S.56, Nr. 21

```
  271
  378
+ 215
 1 1
-----
  864 ✓
```

Rechne zur Kontrolle von unten nach oben.

(21) 271 + 378 + 215	(25) 109 + 237 + 290	(29) 413 + 384 + 69
(22) 172 + 433 + 244	(26) 347 + 125 + 346	(30) 109 + 237 + 368
(23) 265 + 521 + 142	(27) 28 + 316 + 503	(31) 482 + 4 + 373
(24) 246 + 368 + 234	(28) 262 + 54 + 123	(32) 369 + 97 + 175

Ergänze die fehlenden Zahlen.

[33] 123 + □□□ = 999	[34] 300 + □□□ = 999	[35] 123 + □□□ = 1000	[36] 369 + □□□ = 1000	[37] 837 + □□□ = 1000	[38] 726 + □□□ = 588
[39] □□□ + 462 = 999	[40] □□□ + 710 = 999	[41] □□□ + 456 = 1000	[42] □□□ + 317 = 305	[43] 369 + □□3 = 68□	[44] 837 + □8 = 86□

(45) **2 Zahlen**
ergeben zusammen **15**.
Die 1. ist größer als 9.
(6 Möglichkeiten)

(46) **3 Zahlen**
ergeben zusammen **500**.
Die 1. ist Nachfolger von 299,
die 2. ist das Doppelte von 80.

(47) **4 Zahlen**
ergeben zusammen **1000**.
Die 1. ist doppelt so groß wie die 2.,
die 3. ist die Hälfte von 400,
die 2. ist 60 kleiner als die 3.

(48) **5 Zahlen**
ergeben zusammen **999**.
Die 4. ist das Doppelte von 234, die 2. die Hälfte von 888, die 5. ist um 6 kleiner als 50, die 1. größer als das Doppelte von 19. (5 Möglichkeiten)

* Wird die schriftliche Subtraktion nach dem Erweiterungsverfahren eingeführt, soll auch bei der Addition von unten nach oben gerechnet werden. Beispiel: 4 + 8 = 12, schreibe 2, übertrage 1.

S. 57, Nr. 1

Ü: 440 €

  399,00 €
+ 36,90 €
  435,90 € ✓

Rechne zur Kontrolle von unten nach oben.

Wie viel kostet es rund? (Überschlag)
Wie viel kostet es genau?

1. Gitarre und Blockflöte
2. Glockenspiel und Klanghölzer
3. Xylophon und Schellentrommel
4. Metallophon und Handtrommel
5. Pauke und Triangel
6. Gitarre und Schellentrommel
7. Fünf verschiedene Instrumente

Wie viel kostet es?
Wie viel bekommst du zurück?

8. Glockenspiel, Triangel und Handtrommel, bezahlt mit 240 €.
9. Metallophon, Glockenspiel und Becken, bezahlt mit 550 €.
10. Pauke, Schellentrommel, Handtrommel und Glockenspiel, bezahlt mit 1 000 €.
11. Gitarre und Blockflöte, bezahlt mit 200 €.
12. Vier Instrumente, bezahlt mit vier Scheinen.

Wie lang, wie breit, wie hoch?

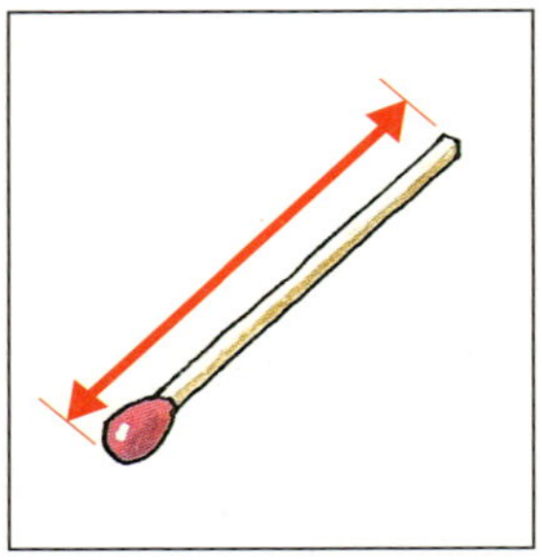

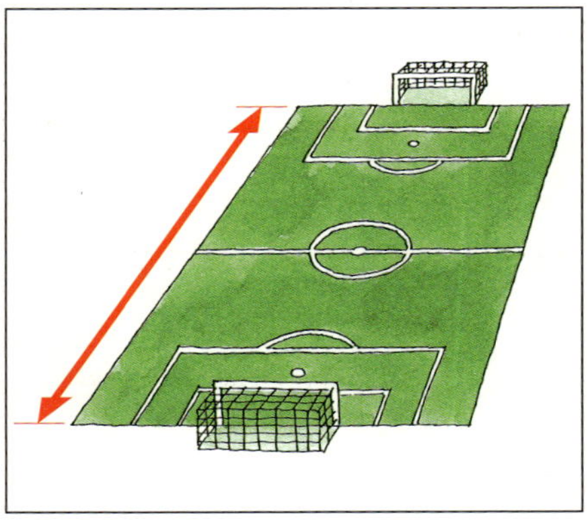

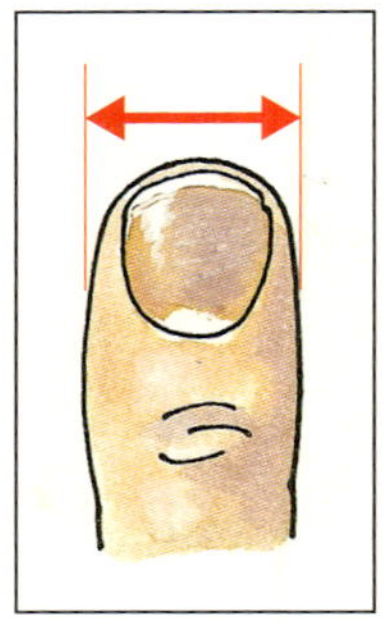

1 Ordne jedem Bild eine der folgenden Längenangaben zu:

2 mm | 1 cm | 5 cm | 21 cm | 1 m | 2 m | 4 m | 100 m

2 Schreibe zu jedem Bild einen passenden Satz.

Auto | Finger | Streichholz | Tafel | lang | dick

Tür | Fußballplatz | 2-Euro-Stück | Heft | hoch | breit

3 Ergänze die Merksätze. Zeige zuerst am Lineal.

1 m = ■ cm	1 cm = ■ mm	ein halber Meter ($\frac{1}{2}$ m) = ■ cm
100 cm = ■ m	10 mm = ■ cm	ein viertel Meter ($\frac{1}{4}$ m) = ■ cm

4 Miss auf mm genau. Verwende zum Messen Lineal, Maßband oder Gliedermessstab.

Heftlänge	■ m ■ cm ■ mm	Armspanne	■ m ■ cm ■ mm
Heftbreite	■ m ■ cm ■ mm	Tischlänge	■ m ■ cm ■ mm
Fingerspanne	■ m ■ cm ■ mm	Kopfumfang	■ m ■ cm ■ mm
Fingerbreite	■ m ■ cm ■ mm	Taille (Umfang)	■ m ■ cm ■ mm

5 Aus einem 20 cm langen Draht wird ein Rechteck geformt. Es soll 4 cm breit werden. Wie lang wird das Rechteck?

6 Edith und Petra wollen ein Gummitwistband knüpfen. Edith bringt 2,70 m Gummiband, Petra 2,40 m. Für jeden Knoten benötigen sie 10 cm Band.

7 Ein 2 m langes Rohr soll in 6 Stücke zersägt werden. Jedes Stück soll mindestens 20 cm lang sein, aber kein Stück darf so lang sein wie ein anderes. Suche mindestens 3 Möglichkeiten.

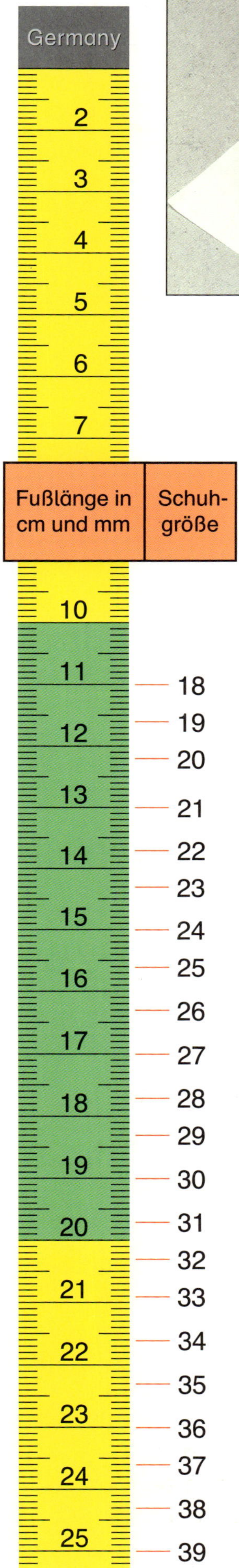

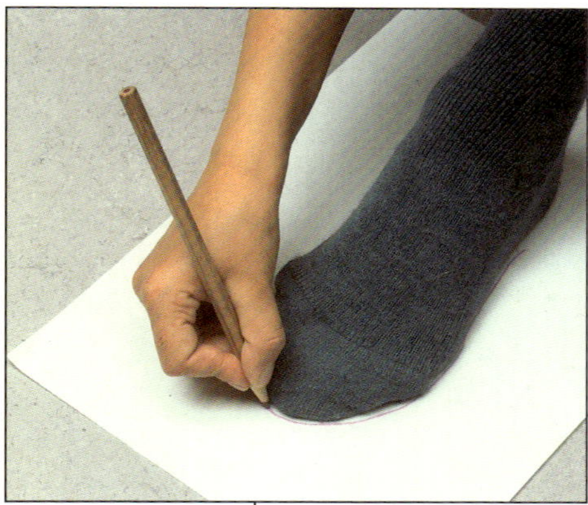

Schuhgröße messen

Stelle dich in Strümpfen auf ein Blatt Papier und zeichne die Umrisse beider Füße genau nach. Entsprechend der Fußlänge in cm und mm von der Ferse zur großen Zehe findest du deine Schuhgröße in der nebenstehenden Tabelle. Wähle bei Zwischengrößen die größere Schuhgröße. Es gilt der größere Fuß.

Partnerarbeit

① Messt eure Fußlängen auf mm genau und bestimmt eure Schuhgrößen.

② Stellt zusammen, wie viele Kinder eurer Klasse bestimmte Schuhgrößen haben.

Beispiel: Schuhgröße 30 – 0 Kinder
Schuhgröße 31 – 2 Kinder

③ Zeichnet ein Schaubild (Balkendiagramm), das zeigt, wie viele Kinder jeweils die gleiche Schuhgröße haben. Zeichnet für jedes Kind 5 mm Balkenlänge.

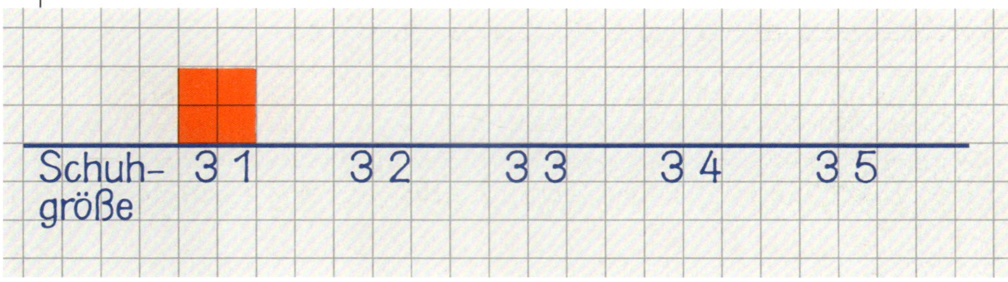

4 Miss die Länge der Nägel auf mm genau. Schreibe die Länge jeweils auf zwei Arten auf. Beispiel: 8 cm 4 mm = 84 mm

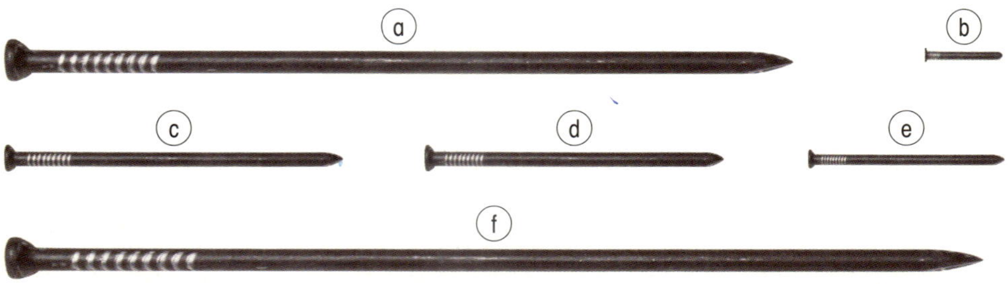

Zeichne Strecken in dein Heft.
Schreibe die Längen jeweils auf zwei Arten dazu.

⑤ 8 cm 4 mm	⑦ 3 cm 6 mm	⑨ 9 cm 7 mm	⑪ 12 cm 2 mm
⑥ 2 cm 9 mm	⑧ 6 cm 4 mm	⑩ 1 cm 1 mm	⑫ 10 cm 8 mm

Rechnen mit Längen – Kommaschreibweise

cm
308 cm
100 cm
1 cm

m	cm
3	8
4	3 5
	2 1

m
3,08 m
1,95 m

Merklänge
Höhe des Klassenzimmers rund 3 m
rund
rund
rund
rund
rund
meine Größe

1 Ergänze in den Tabellen die fehlenden Angaben.
Schreibe zu jeder Längenangabe den passenden Gegenstand:
Höhe der Tür, Fingerbreite, Höhe der Tafel, Länge des Heftes, Länge eines Pkw.

Schreibe die Längenmaße auf drei Arten.
Beispiel: 860 cm = 8 m 60 cm = 8,60 m

2 623 cm	4 50 cm	6 7 m 3 cm	8 8,07 m	10 0,75 m	12 2 m 56 cm
3 408 cm	5 1 cm	7 4 m 26 cm	9 0,05 m	11 1,00 m	13 0,99 m

S. 60, Nr. 14

  653 cm
+ 257 cm
(Übertrag: 1 1)
910 cm = 9,10 m ✓

Schreibe als cm.

(14) 6,53 m + 257 cm
(15) 3,99 m + 108 cm
(16) 0,87 m + 866 cm
(17) 89 cm + 5,76 m
(18) 3,20 m + 479 cm
(19) 95 cm + 6,07 m

S. 60, Nr. 20

  1,23 m
+ 3,27 m
(Übertrag: 1)
4,50 m = 4 m 50 cm ✓

Schreibe als m mit Komma.

(20) 123 cm + 3,27 m
(21) 514 cm + 3,69 m
(22) 4,08 m + 99 cm
(23) 47 cm + 8,95 m
(24) 16 cm + 6,87 m
(25) 606 cm + 77 cm

Schreibe als cm oder als m mit Komma.

(26) 6 m + 3 m 17 cm + 1 m 6 cm + 50 cm
(27) 1,50 m + 200 cm + 4 m 4 cm + 8 cm
(28) 4 m 33 cm + 1 m 20 cm + 333 cm
(29) 5 m 5 cm + 99 cm + 0,15 m + 300 cm
(30) 100 cm + 34 cm + 6 m 50 cm + 3 cm
(31) 2 m 8 cm + 4 m + 46 cm + 336 cm

(32) Ein Stück Tuch ist 1 m breit und 2 m lang. Sofia möchte daraus eine Tischdecke mit einer schönen Borte herstellen. Da stellt sie fest, dass die gekaufte Borte nur um das halbe Tuch herum reicht. Sie sagt sich: „Ich schneide das Tuch einfach in der Mitte durch, dann reicht die Borte wenigstens für die eine Hälfte." Was meinst du dazu?

Kilometer – Strecken messen und errechnen

~~1~~ Stelle deine Schrittlänge fest. Miss von Schuhspitze zu Schuhspitze.
Welche Strecke legst du mit 1 Schritt, mit 10, 100, 1 000, 2 000 Schritten zurück?
Löse mithilfe einer Tabelle.

2 Suche in deinem Wohnort Strecken, die etwa 100 m, 500 m und 1 000 m (1 km) lang sind.
Hilfsmittel: Bandmaß, 100-m-Schnur, Fahrrad mit Tachometer.

1 000 Meter = 1 Kilometer 1 000 m = 1 km 500 m = $\frac{1}{2}$ km 250 m = $\frac{1}{4}$ km

m
1 000
100
400

km	m
1	0 0 0

Merkstrecke
Mein Schulweg
Vom Wohnort nach

Anzahl von Schritten

3 Ergänze in den Tabellen die fehlenden Angaben.
Merkstrecken: Straße deiner Gemeinde, Länge eines Fußballfeldes, 1 Runde im Stadion.

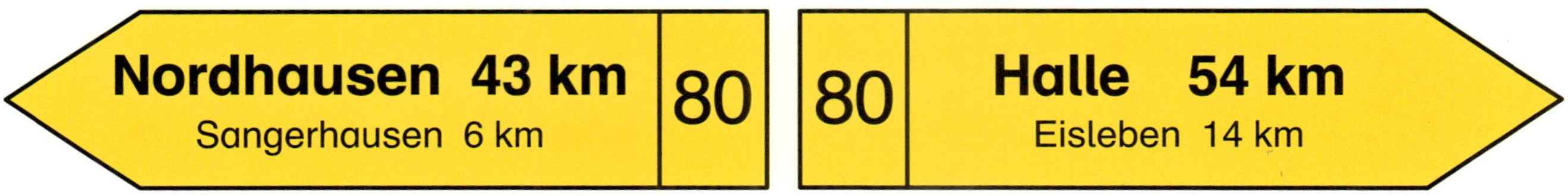

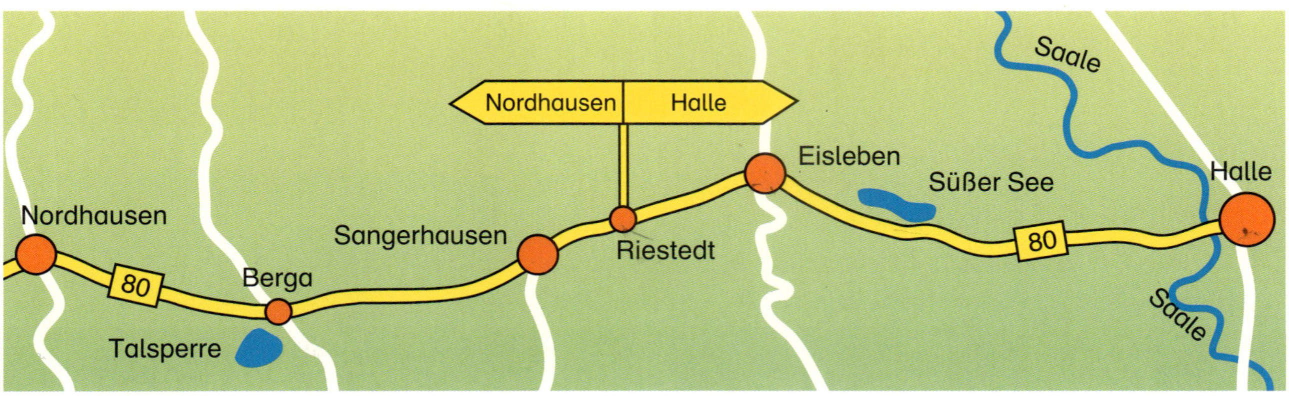

Zeige die Strecken und berechne dann die Entfernungen.

4 Von Nordhausen nach Halle.

5 Von Nordhausen nach Eisleben.

6 Von Halle nach Sangerhausen.

7 Von Eisleben nach Halle.

8 Von Sangerhausen nach Eisleben.

9 Von Sangerhausen nach Nordhausen.

10 Frau Klott fährt von Eisleben nach Nordhausen und anschließend nach Halle.

Weitere Übungsaufgaben auf Seite 128.

(1) In einer Schachtel sind 24 Flunkis.
In einer Kiste sind 8 Schachteln.
Anna kauft 5 Kisten.
Sie bezahlt 960 Euro.

So:

$3 \cdot 79 = 237$ ✓
$3 \cdot 70 = 210$
$3 \cdot 9 = 27$
K: 240, 237

Oder kürzer:

$3 \cdot 79 = 237$
210, 27
K:

Oder:

$3 \cdot 79 = 237$
240 – 3
K:

(2) 3 · 79	(5) 8 · 52	(8) 4 · 49	(11) 7 · 24	(14) 5 · 69	(17) 3 · 99
(3) 5 · 73	(6) 6 · 56	(9) 2 · 89	(12) 3 · 37	(15) 5 · 59	(18) 6 · 99
(4) 7 · 78	(7) 7 · 47	(10) 9 · 59	(13) 9 · 42	(16) 4 · 29	(19) 2 · 99

17 · 9 = ☐

·	9
10	90
7	63
17	153

4 · 128 = ☐

·	100	20	8	128
4	400	80	32	512

13 · 24 = ☐

·	20	4	24
10	200	40	240
3	60	12	72
13	260	52	312

Löse die Aufgaben in einer Zerlegungstabelle.

20 15 · 9	23 3 · 145	26 8 · 76	29 12 · 17	32 13 · 22	35 17 · 32
21 18 · 6	24 4 · 136	27 6 · 58	30 14 · 15	33 15 · 24	36 13 · 45
22 14 · 8	25 2 · 257	28 3 · 89	31 18 · 14	34 16 · 35	37 19 · 59

(38) Ein Elefant spritzt sich mit dem Rüssel auf einmal 16 Liter Wasser ins Maul. An einem heißen Tag machte er das achtmal.
Wie viel Wasser trank er an diesem Tag?

(39) Eine Kohlmeise wiegt 19 g. Sie frisst am Tag so viel wie sie wiegt. Wie viel frisst sie in 2, 5, 10, 20, 30 Tagen?

(40) Ein Vogel frisst pro Woche etwa 210 g. Er frisst pro Tag etwas mehr als er wiegt.
Wie viel g könnte er wiegen?
Schreibe mindestens 5 Möglichkeiten auf.

(41) Die Bienenkönigin verbringt im Sommer die meiste Zeit damit Eier zu legen. Etwa alle 30 Sekunden legt sie ein Ei.
Wie viele Eier legt sie in 5, 10, 60 Minuten und in 12 Stunden?

 Weitere Übungsaufgaben auf Seite 128.

①

② 14 : 7 140 : 7 140 : 70	③ 72 : 8 720 : 8 720 : 80	④ 10 : 10 100 : 10 100 : 100	⑤ 42 : 6 420 : 6 420 : 60	⑥ 12 : 4 120 : 4 120 : 40	⑦ 81 : 9 810 : 9 810 : 90
⑧ 40 : 8 400 : 8 400 : 80	⑨ 20 : 5 200 : 5 200 : 50	⑩ 18 : 3 180 : 3 180 : 30	⑪ 30 : 10 300 : 10 300 : 100	⑫ 80 : 2 800 : 2 800 : 20	⑬ 10 : 5 100 : 5 100 : 50

⑭ Erfinde weitere Aufgabenreihen wie Aufgabe 2 bis 13.

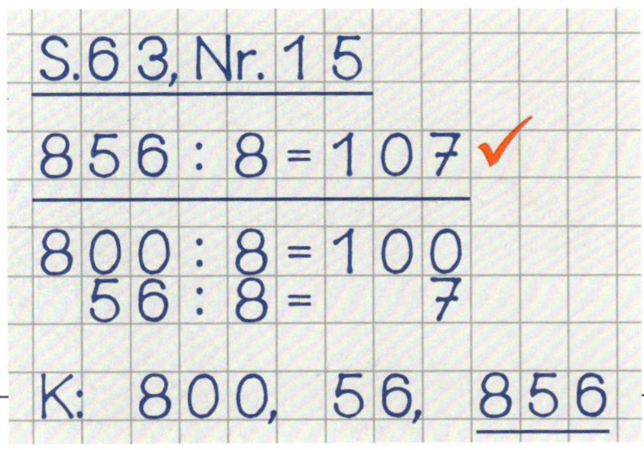

⑮ 856 : 8	⑲ 260 : 2	㉓ 606 : 6
⑯ 318 : 3	⑳ 981 : 9	㉔ 540 : 5
⑰ 728 : 7	㉑ 432 : 4	㉕ 872 : 8
⑱ 927 : 9	㉒ 864 : 8	㉖ 707 : 7

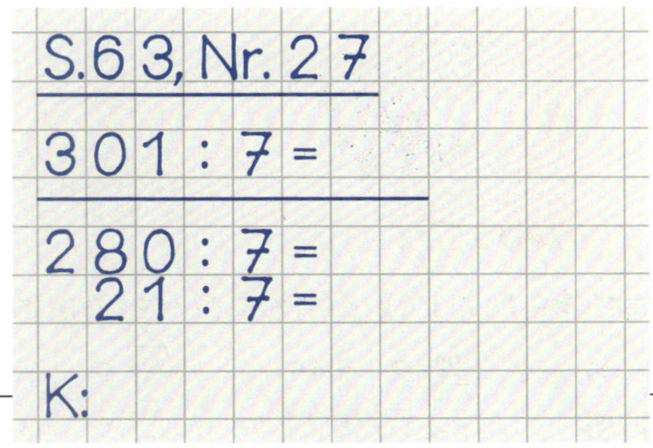

㉗ 301 : 7	㉛ 656 : 8	㉟ 212 : 4
㉘ 152 : 2	㉜ 261 : 3	㊱ 432 : 6
㉙ 335 : 5	㉝ 414 : 9	㊲ 448 : 7
㉚ 602 : 7	㉞ 594 : 6	㊳ 783 : 9

㊴

D	E	F	I	L	R	U	V
2	5	6	8	9	50	60	70

Ⓐ $670 - 590 = \square$
70 / <u>80</u> ✓

Ⓑ $18 \cdot 4 = \square$
$9 \cdot 8 =$ <u>72</u> ✓

Ⓒ $850 : 5 = \square$
85 / <u>170</u> ✓

Ⓓ $9 \cdot 38 = \square$
360 / <u>342</u> ✓

Ⓔ $290 + 387 = \square$
687 / <u>677</u> ✓

Ⓕ $306 - 288 = \square$
(– 6/–12) <u>18</u> ✓

Ⓖ $17 \cdot 19 = \square$
340 / <u>323</u> ✓

Ⓗ $413 - 275 = \square$
400 / 125 / <u>138</u> ✓

Ⓘ $299 \cdot 3 = \square$
900 / <u>897</u> ✓

Partnerarbeit

① Wie wurden die neun Aufgaben ausgerechnet? Probiert auch andere „Rechentricks“ aus.

② Überlegt, wie ihr die Aufgaben 3 bis 32 möglichst geschickt lösen könnt. Kontrolliert jeweils mit einem anderen Rechenweg.

③ 485 – 290
④ 700 : 5
⑤ 490 + 273
⑥ 579 · 1
⑦ 16 · 14
⑧ 703 – 697

⑨ 190 + 488
⑩ 16 · 19
⑪ 860 – 490
⑫ 0 : 473
⑬ 630 : 5
⑭ 609 – 360

⑮ 511 – 180
⑯ 18 · 13
⑰ 795 + 126
⑱ 47 · 10
⑲ 836 – 599
⑳ 1000 : 100

㉑ 6 · 199
㉒ 357 + 590
㉓ 970 : 10
㉔ 901 – 898
㉕ 9 · 79
㉖ 491 – 299

㉗ 930 – 799
㉘ 7 · 58
㉙ 460 : 5
㉚ 13 · 19
㉛ 491 – 299
㉜ 999 + 0

Spiel mit Ziffernkärtchen

㉝ Stelle Ziffernkärtchen für die Ziffern 1 bis 9 her. Lege damit zwei dreistellige Zahlen. Addiere die Zahlen.

Beispiel:
```
  472
+ 138
  11
-----
  610
```

a) Die Summe darf beliebig sein.

b) Die Summe soll möglichst groß (klein) sein.

c) Die Summe soll genau 777, 787, 979, 948, 999 sein.

㉞ Lege und rechne wie bei Nr. 33 mit dreistelligen Zahlen.

a) Die Summe soll genau 842, 765, 500, 900, 1000 sein.

b) Es sollen die fünf größten Zahlen entstehen. Wie groß ist der Unterschied zwischen diesen Zahlen jeweils?

c) Warum kannst du die Zahl 300 nicht erzeugen?

① 38 + 346 ② 74 + 666 ③ 106 + 888 ④ 398 + 333 ⑤ 92 + 658 ⑥ 77 + 777 ⑦ 350 cm + 4,07 m ⑧ 283 cm + 2 m 35 cm ⑨ 6,75 m + 68 cm ⑩ 6 m 8 cm + 99 cm

11	12	13	14	15	16	17	18
426	307	586	383	□□□	□□□	□□□	583
+ □□□	+ □□□	+ □□	+ □□□	+ 135	+ 694	+ 78	+ □□□
649	1000	653	295	486	935	536	579

19 Ordne jedem Gegenstand die passende Länge zu.

Gegenstände: Länge eines Heftes, Breite eines Fingers, Länge eines Fußballfeldes, Höhe der Tafel, Dicke eines 2-Euro-Stückes, Höhe einer Tür, Länge eines Pkw.

Längen: 2 mm, 1 cm, 21 cm, 1 m, 2 m, 4 m, 100 m.

Zeichne Strecken auf große Blätter und schreibe die Länge jeweils auf zwei Arten dazu.

⑳ 14 cm ㉑ 8 cm ㉒ 3 cm 5 mm ㉓ 20 cm 2 mm ㉔ 10 mm ㉕ 20 mm ㉖ 87 mm ㉗ 142 mm ㉘ 1 cm 1 mm ㉙ 2 cm 2 mm

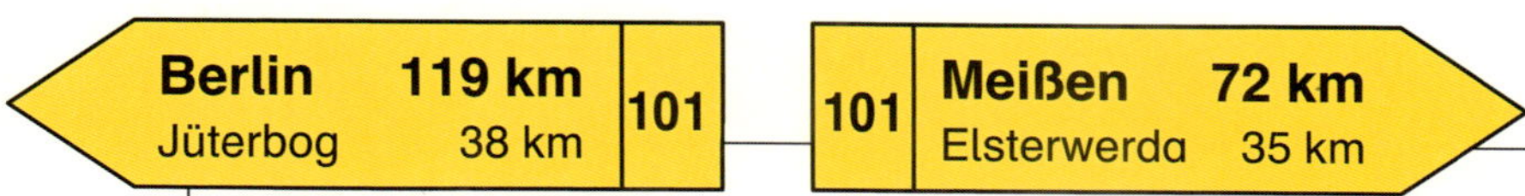

30 Berechne die 6 Entfernungen. Zeichne zuerst eine Skizze.

Vergiss die Kontrolle nicht.

㉛ 945 : 9 ㉜ 327 : 3 ㉝ 763 : 7 ㉞ 412 : 4 ㉟ 642 : 6 ㊱ 808 : 8 ㊲ 415 : 5 ㊳ 584 : 8 ㊴ 207 : 3 ㊵ 406 : 7 ㊶ 306 : 9 ㊷ 510 : 6

Löse die Aufgaben in einer Zerlegungstabelle.

43 19 · 7 44 18 · 6 45 5 · 126 46 3 · 254 47 9 · 63 48 7 · 84

Wähle deinen Lösungsweg.

㊾ 7 · 65 ㊿ 4 · 59 (51) 9 · 76 (52) 6 · 84 (53) 3 · 47 (54) 8 · 93

(55) Erna kauft ein Buch für 12,95 € und Stifte für 3,75 €.

(56) Jens kauft eine Blockflöte für 35,70 € und ein Etui für 16,95 €. Von der Verkäuferin bekommt er 7,35 € zurück.

(57) Timo möchte ein Buch für 23 € kaufen. Er spart jede Woche 3 €.

(58) Familie Berghammer spart jede Woche für eine neue Waschmaschine 70 €. Die Waschmaschine kostet 689 €.

(59) Jasna kauft einen Ball für 24 €, Turnschuhe für 58 € und ein Paar Socken für 7,95 €.

(60) Julia kauft ein Fahrrad für 398 €, einen Tacho für 64,95 € und einen Helm für 49,50 €. Sie gibt dem Verkäufer 520 €.

(61) Ajdin knüpft 5 Schnurreste zusammen. 1. Stück: 0,75 m, 2. Stück: 48 cm, 3. Stück: $1\frac{1}{2}$ m, 4. Stück: 17 cm. Für jeden Knoten rechnet Ajdin 8 cm.

Schriftlich subtrahieren – Abziehverfahren*

Subtraktionsaufgabe: 435 – 123 = ☐

① 435 € mit Geld darstellen.

② Subtraktionsaufgabe aufschreiben.

	H	Z	E
	4	3	5
–	1	2	3

③ Von 435 €
123 € wegnehmen:

E: Von 5E 3E wegnehmen.
Z: Von 3Z 2Z wegnehmen.
H: Von 4H 1H wegnehmen.

④ Von 435 stellenweise
123 subtrahieren:

	H	Z	E
	4	3	5
–	1	2	3
	3	1	2

E: 5 – 3 = 2 schreibe 2
Z: 3 – 2 = 1 schreibe 1
H: 4 – 1 = 3 schreibe 3

S. 66, Nr. 1

```
  435
- 123
-----
  312
```

Sprich so:
5 minus 3 gleich 2
3 minus 2 gleich 1
4 minus 1 gleich 3

① 435 – 123	④ 769 – 538	⑦ 837 – 617	⑩ 583 – 531	⑬ 927 – 625
② 435 – 231	⑤ 908 – 604	⑧ 563 – 162	⑪ 835 – 222	⑭ 684 – 102
③ 435 – 335	⑥ 637 – 435	⑨ 763 – 440	⑫ 789 – 771	⑮ 999 – 789

* Die Seiten für das Erweiterungsverfahren befinden sich als Kopiervorlagen im Handbuch.

Schriftlich subtrahieren mit Entbündeln

Subtraktionsaufgabe: 251 – 135 = ☐

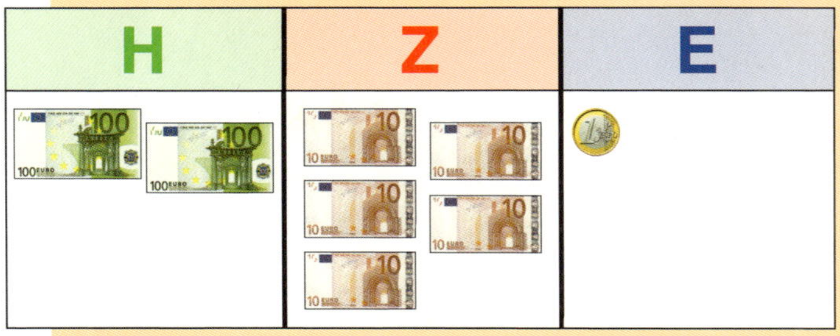

1 251 € mit Geld darstellen.

2 Subtraktionsaufgabe aufschreiben.

3 Von 251 €
135 € wegnehmen:

	H	Z	E
	2	5	1
–	1	3	5

E: Von 1 E 5 E wegnehmen, **geht nicht**.

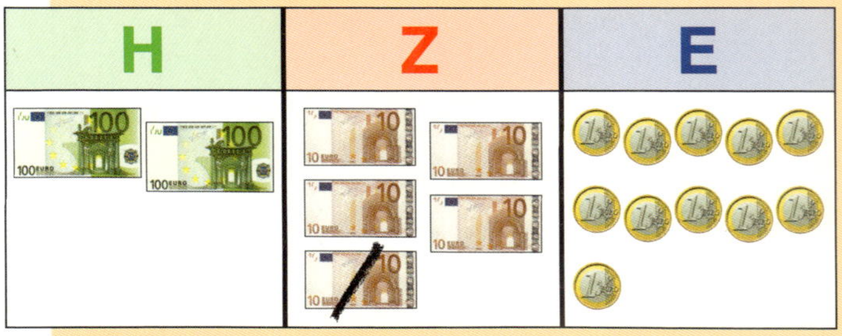

4 Einen Zehner in 10 Einer wechseln.
Jetzt sind es 11 Einer, aber nur noch 4 Zehner.

5 Das Wechseln aufschreiben.

	H	Z	E
		4	11
	2	~~5~~	~~1~~
–	1	3	5

6 Von 251 €
135 € wegnehmen:

E: Von 11 E 5 E wegnehmen.
Z: Von 4 Z 3 Z wegnehmen.
H: Von 2 H 1 H wegnehmen.

7 Von 251 stellenweise
135 subtrahieren:

	H	Z	E
		4	11
	2	~~5~~	~~1~~
–	1	3	5
	1	1	6

E: 11 – 5 = 6
Z: 4 – 3 = 1
H: 2 – 1 = 1

Schriftlich subtrahieren mit Entbündeln

Aufgabe: 846 – 478 = ☐

	H	Z	E
	8	4	6
−	4	7	8

1 Einer

E: 6 – 8 geht nicht.

	H	Z	E
		3	16
	8	~~4~~	~~6~~
−	4	7	8
			8

2 Einer

E: Ich wechsle 1 Z in 10 E.
Ich habe 16 E, aber nur noch 3 Z.

16 – 8 = 8

	H	Z	E
	7	13	16
	~~8~~	~~4~~	~~6~~
−	4	7	8
		6	8

3 Zehner

Z: 3 – 7 geht nicht.
Ich wechsle 1 H in 10 Z.
Ich habe 13 Z, aber nur noch 7 H.

13 – 7 = 6

	H	Z	E
	7	13	16
	~~8~~	~~4~~	~~6~~
−	4	7	8
	3	6	8

4 Hunderter

H: 7 – 4 = 3

Rechne in Stellenwerttabellen.

1 846 – 478	4 238 – 219	7 714 – 523	10 261 – 56	13 706 – 516
2 356 – 166	5 690 – 461	8 922 – 350	11 535 – 62	14 470 – 380
3 867 – 685	6 486 – 237	9 490 – 326	12 952 – 92	15 688 – 209

Aufgabe: 612 – 395 = ☐

0 6 ~~1~~ 2 – 3 9 5 7	**❶ Einer**	E: 2 – 5 geht nicht. Ich wechsle 1 Z in 10 E. Jetzt sind es 12 E, aber nur noch 0 Z. 12 – 5 = 7
5 0 ~~6~~ ~~1~~ 2 – 3 9 5 1 7	**❷ Zehner**	Z: 0 – 9 geht nicht. Ich wechsle 1 H in 10 Z. Jetzt sind es 10 Z, aber nur noch 5 H. 10 – 9 = 1
5 0 ~~6~~ ~~1~~ 2 – 3 9 5 2 1 7	**❸ Hunderter**	H: 5 – 3 = 2

S. 69, Nr. 1

5 0
~~6~~ ~~1~~ 2
- 3 9 5
2 1 7

Achtung!
Wechseln in Kurzform:
Jetzt sind es ...,
aber nur noch ...

① 612 – 395	⑤ 538 – 187	⑨ 555 – 367	⑬ 633 – 857	⑰ 620 – 167
② 457 – 291	⑥ 921 – 476	⑩ 367 – 308	⑭ 407 – 326	⑱ 855 – 699
③ 924 – 768	⑦ 372 – 146	⑪ 909 – 797	⑮ 830 – 367	⑲ 311 – 73
④ 765 – 439	⑧ 870 – 382	⑫ 816 – 689	⑯ 777 – 583	⑳ 983 – 534

Rechne zur Kontrolle mit gerundeten Zahlen (Überschlag).

㉑ Die Hebel-Schule hatte im Jahre 2004 683 Schüler. 1995 waren es nur 437 Schüler.

㉒ Frau Stoll kauft eine Nähmaschine für 528 €. Für die alte Maschine bekommt sie noch 235 €.

㉓ Stuttgart-Hamburg:
Luftlinie 576 km, Autobahn 692 km.

㉔ Familie Schnurr nahm zum Großeinkauf 650 € mit. Sie bezahlte 483 €.

㉕ Herr Helm fährt auf seiner zweitägigen Geschäftsreise insgesamt 763 km. Am 1. Tag fährt er 389 km.

㉖ Christine hat 9,28 € dabei. Sie kauft ein Taschenbuch für 4,79 € und Hefte für 2,49 €.

Schriftlich subtrahieren – Aufgaben mit Nullen

Aufgabe: 900 – 376 = ☐

900 – 376	1	0 – 6 geht nicht. 0 Z kann ich nicht wechseln. Erst bei H kann ich wechseln!
8 10 ~~9~~ ~~0~~ 0 – 376	2	Ich wechsle 1 H in 10 Z. Es bleiben **8** H.
9 8 ~~10~~ ~~9~~ ~~0~~ 0 – 376	3	Ich wechsle 1 Z in 10 E. Es bleiben **9** Z.
9 8 ~~10~~ ~~9~~ ~~0~~ 0 – 376 524	4	Nun kann ich subtrahieren: E: 10 – 6 = 4 Z: 9 – 7 = 2 H: 8 – 3 = 5

S. 70, Nr. 1

```
   9 9
 1̸0̸0̸0
-  513
 -----
   487 ✓
```

Ich wechsle:
1 T in 10 H
1 H in 10 Z, bleiben 9 H
1 Z in 10 E, bleiben 9 Z

Addiere zur Kontrolle von unten nach oben.
Beispiel: 7 + 3 = …

① 1 000 – 513	⑤ 900 – 483	⑨ 704 – 526	⑬ 1 300 – 645
② 1 000 – 624	⑥ 800 – 695	⑩ 740 – 526	⑭ 1 030 – 428
③ 1 000 – 786	⑦ 400 – 276	⑪ 603 – 487	⑮ 1 207 – 533
④ 1 000 – 495	⑧ 700 – 358	⑫ 630 – 487	⑯ 1 011 – 999

⑰ Frau Schwaiger fährt von München nach Hamburg.
Bei der Mittagsrast zeigt der Tageskilometerzähler 463 km; in Hamburg zeigt er 780 km.

⑱ Markus warf den Schlagball 13,30 m, Tina 21,30 m weit.

⑲ Ute, Ralf und Lana haben zusammen 697 €. Ralf hat 119 € mehr als Ute. Ute hat 206 €.

Weitere Übungsaufgaben auf Seite 128.

Schriftlich subtrahieren – Rechnen mit Kommazahlen

① Ordne den 5 Bauwerken ihre Höhen zu.
132 m, 161 m, 290 m, 329 m, 443 m.
Schreibe so: U ist ☐ m hoch.

② Berechne alle Höhenunterschiede.
Es gibt 10 Aufgaben.

③ Wie hoch ist das höchste Bauwerk deiner Gemeinde?
Berechne die Höhenunterschiede zum Fernsehturm, zum Eiffelturm und zum Sears Tower.
Schreibe so: S ist ☐ m höher.

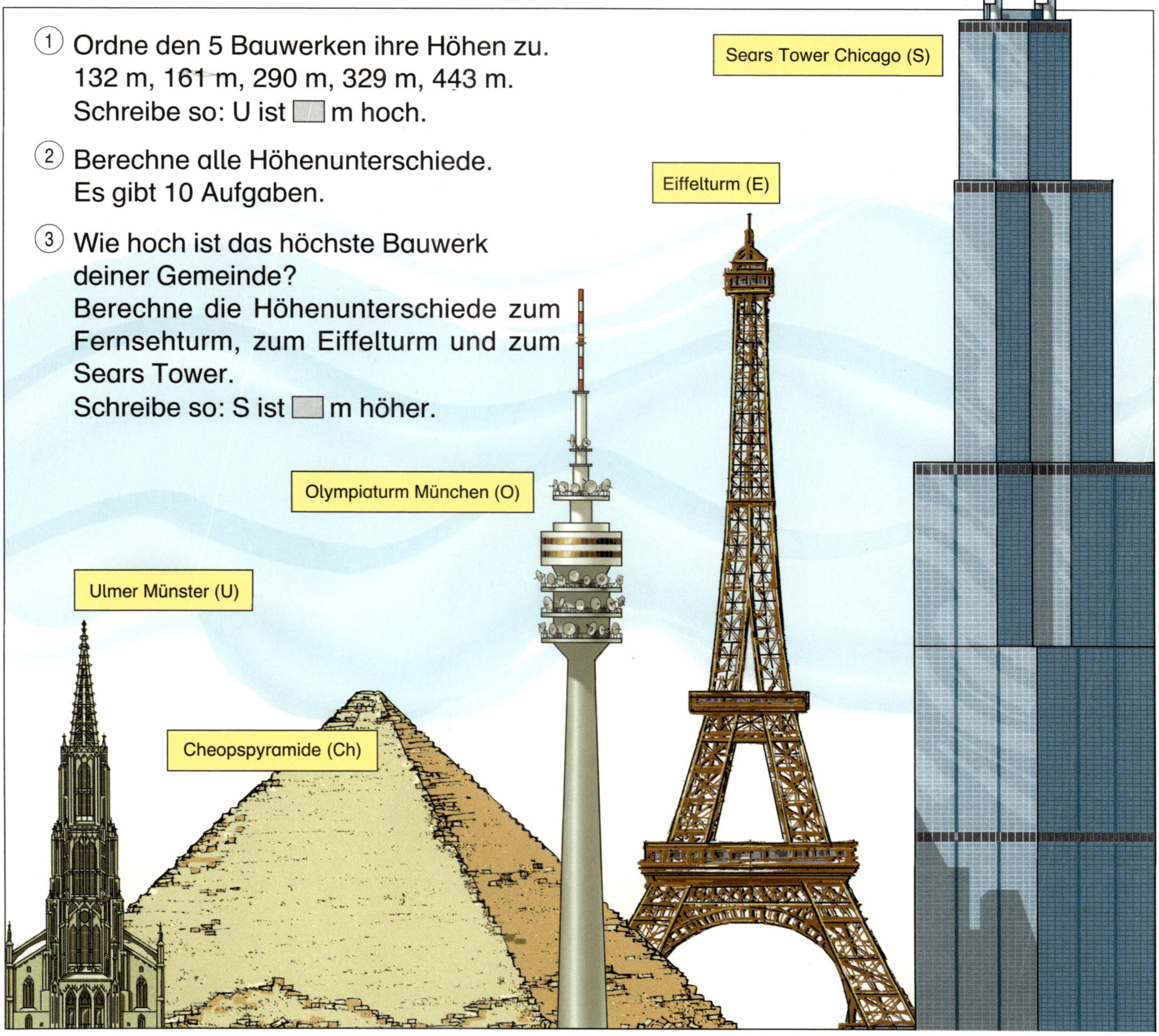

S. 71, Nr. 4

  8,95 m
− 3,63 m
  5,32 m ✓

④ Den Weltrekord im Weitsprung hält seit 1991 Mike Powell (USA) mit 8,95 m.
Vergleiche mit diesen Schülern.

Mira	3,63 m	Tanja	3,27 m	Nick	3,18 m
Bernd	3,31 m	Markus	3,05 m	Luisa	2,95 m

⑤ Wenn Bianca $5\frac{1}{2}$ m weiter gesprungen wäre, hätte sie den Weltrekord um 5 cm übertroffen.

⑥ Erfinde Aufgaben wie Nr. 5.

Mischbrot	1,90 €
Weißbrot	2,70 €
Vollkornbrot	2,60 €
Brötchen	0,45 €

⑦ Du kaufst 1 Mischbrot und 1 Brötchen und bezahlst mit 5 €.

⑧ Du kaufst 1 Weißbrot und 2 Brötchen und bezahlst mit 10 €.

⑨ Du kaufst 1 Vollkornbrot und 1 Mischbrot und bezahlst mit 20 €.

⑩ Du kaufst 2 Vollkornbrote und 10 Brötchen und bezahlst mit 50 €.

⑪ Du bezahlst 5,15 €.

⑫ Du bezahlst 10,35 €.

Subtrahieren mit Geld – Kommaschreibweise

Konto-Nr.	Name des Kontoinhabers		Zinsen sind einkommensteuerpflichtig.
3700972	Felix Maier	Beethovenstr. 7	12247 Berlin

Zeile	Unterschriften Geschäftsvorfall-Nr.	Datum				Auszahlung Euro	Einzahlung Euro	Guthaben Euro
1	0012	05.02.2004	0387	EINZ	3700972		100,00	******512,74
2	0012	01.03.2004	0404	EINZ	3700972		65,00	****** 577,74
3	0012	15.04.2004	0323	AUSZ	3700972	185,00		****** 392,74
4	0002	30.04.2004	0184	EINZ	3700972		250,00	******642,74
5	0012	10.05.2004	0325	AUSZ	3700972			******150,00
6	0012	15.07.2004	0325	EINZ	3700972		112,00	******
7	0012	24.09.2004	0325	EINZ	3700972		165,80	******
8	0012	16.12.2004	0325	AUSZ	3700972	200,00		******
9	0012	24.01.2005	0325	AUSZ	3700972			******157,80
10	0012	03.03.2005	0325	EINZ	3700972		136,00	******
11								
12								
13								
14								
15								
16								
17								
18								
19								
20								

1 Wie viel € hat Felix am 5.2. auf dem Sparbuch (Guthaben)?

2 Wie groß ist das Guthaben am 1. März?

3 Wie groß ist das Guthaben am 15. April?

4 Wie viel € hat Felix am 30. April eingezahlt?

5 Wie viel € hat er am 10. Mai abgehoben?

6 Wie groß war das Guthaben vor dem 5. Februar?

7 Bilde weitere Aufgaben zur abgebildeten Sparbuchseite.

S. 72, Nr. 8

Ü: 30 €

58,20 €
- 33,40 €
24,80 € ✓

8 58,20 € – 33,40 €

9 97,96 € – 45,50 €

10 76,34 € – 68,20 €

11 83,62 € – 56,75 €

12 66,85 € – 29,76 €

13 90,00 € – 6,88 €

14 52,03 € – 48,50 €

15 60,70 € – 65,88 €

16 91,11 € – 66,66 €

17 100,00 € – 43,75 €

18 100,00 € – 60,05 €

19 100,00 € – 99,99 €

Weitere Übungsaufgaben auf Seite 128.

Wie schwer? – Wiegen mit Kilogramm und Gramm

① Vergleicht Heft, Mäppchen, Radiergummi, Füller und Lineal nach ihrem Gewicht und ordnet sie.

2 Vergleicht nun das Gewicht der fünf Gegenstände mithilfe der Tafelwaage. Schreibt dann die Gegenstände nach dem Gewicht geordnet auf.

3 Bestimmt das Gewicht der fünf Gegenstände mithilfe der Tafelwaage. Maßeinheit: Gewicht eines Steckwürfels.

Sprecht zu jedem Gegenstand so: „Das Heft ist ungefähr so schwer wie … Steckwürfel."

④ Welche Gewichtsstücke enthält der Gewichtssatz? Legt das 1-kg-Stück auf die eine Seite, alle anderen Stücke auf die andere Seite der Tafelwaage. Was stellt ihr fest?

⑤ Das Buch wiegt genau 852 g. Welche Gewichtsstücke des Gewichtssatzes wurden verwendet?

An Stationen könnt ihr mit Gewichten experimentieren.

	1 g	2 g	2 g	5 g	10 g	10 g	20 g	50 g	100 g	100 g	200 g	500 g	1000 g 1 kg	Gewicht
Lineal														
Lexikon														

6 Wie schwer sind folgende Gegenstände: Lineal, Lexikon, Bleistift, Mathematikbuch, Heft, Mäppchen, Blatt Papier. Benützt Gewichtsstücke. Schreibt die Messergebnisse in einer Tabelle auf.

⑦ Pia behauptet: „1000 g Sand sind schwerer als 1 kg Watte!"

Welche Gewichtsstücke benötigt man?
Beispiel: 236 g = 200 g + 20 g + 10 g + 5 g + 1 g

⑧ 236 g	⑪ 164 g	⑭ 192 g	⑰ 280 g	⑳ 701 g	㉓ 1250 g
⑨ 58 g	⑫ 425 g	⑮ 350 g	⑱ 560 g	㉑ 836 g	㉔ 1400 g
⑩ 9 g	⑬ 620 g	⑯ 0 g	⑲ 691 g	㉒ 999 g	㉕ 1075 g

Waagen früher und heute

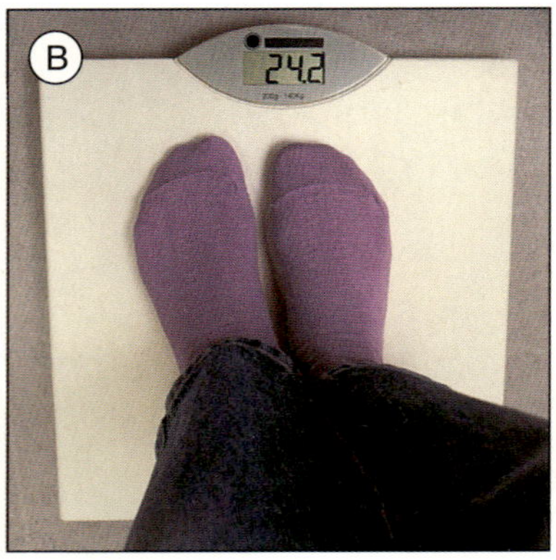

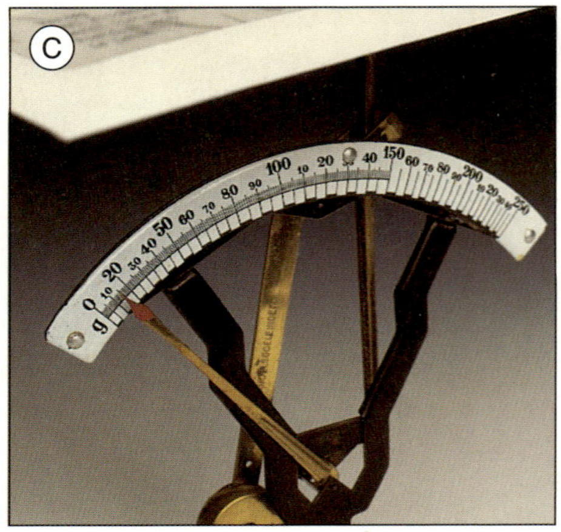

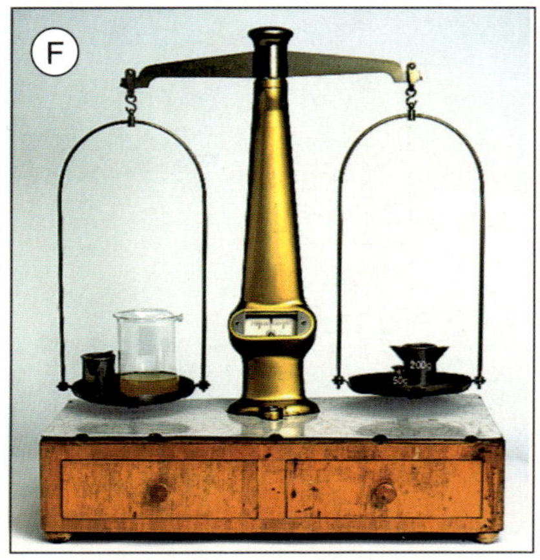

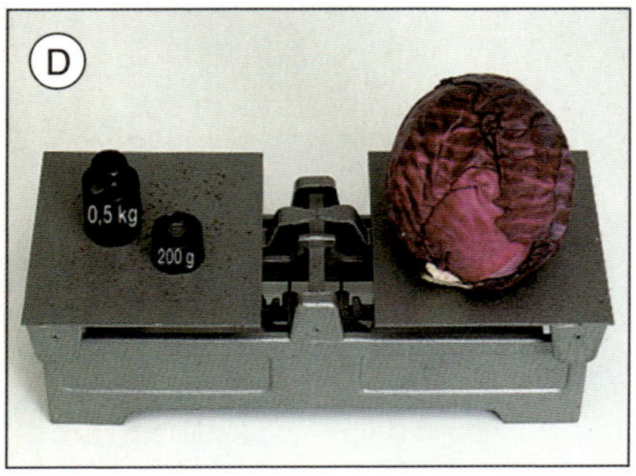

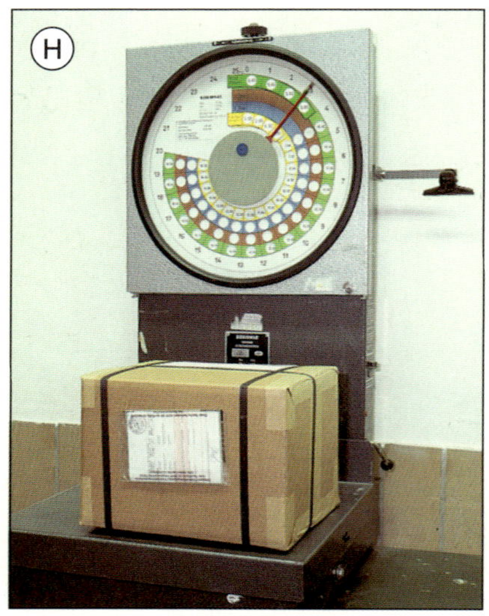

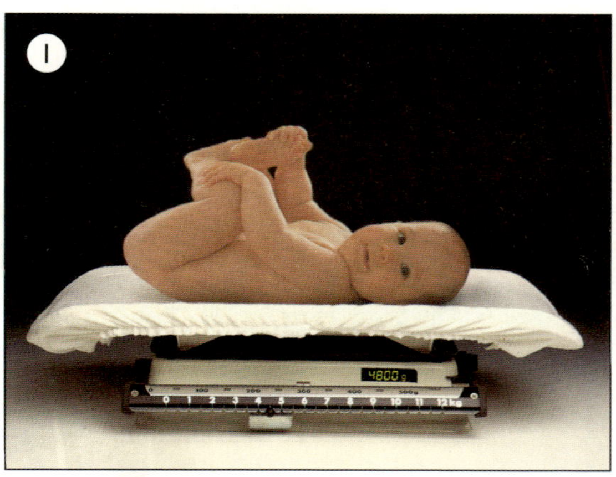

Wiegen mit Kilogramm und Gramm

250 g = $\frac{1}{4}$ kg

500 g = $\frac{1}{2}$ kg

750 g = $\frac{3}{4}$ kg

1 000 g = 1 kg

Schreibe die Gewichtsangaben Nr. 1 bis 6 so auf:
Nr. 1: 2 863 g = 2 kg 863 g

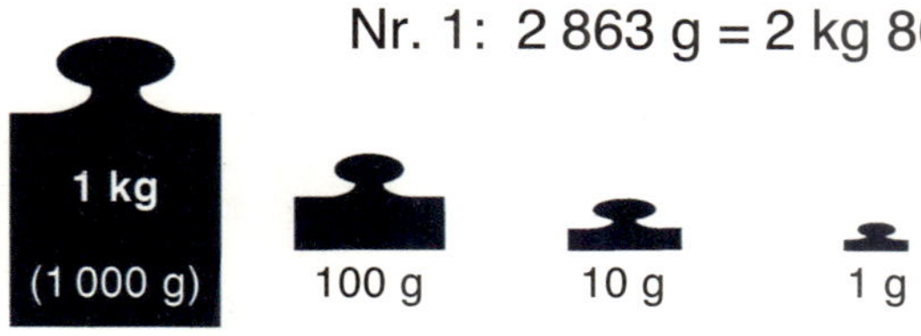

Nr.	1 kg (1 000 g)	100 g	10 g	1 g
1	2	8	6	3
2	1	2	0	5
3	7	0	3	8

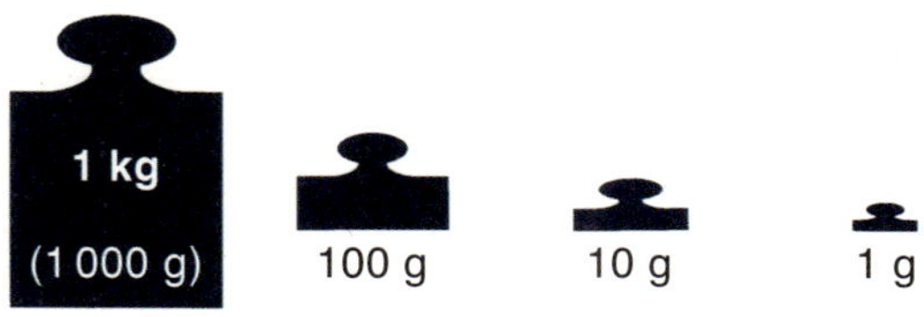

Nr.	1 kg (1 000 g)	100 g	10 g	1 g
4	0	9	0	0
5	6	0	0	2
6	0	0	7	5

Trage die Gewichtsangaben Nr. 7 bis 18 in eine Tabelle ein.

7 2 kg 4 g
8 2 kg 400 g
9 1 000 g
10 900 g
11 100 g
12 9 kg
13 5 kg 75 g
14 1 g
15 $\frac{1}{2}$ kg
16 $\frac{1}{4}$ kg
17 1 kg
18 90 g

19 Wie schwer ist ein Schüler, ein Brot, ein Blatt Papier, ein Erwachsener, ein Fußball, ein Brief, eine Tafel Schokolade, ein Glas Honig?
Schreibe die Dinge mit den passenden Gewichtsangaben (Merkgewichte) auf.

5 g | 15 g | 100 g | 400 g | $\frac{3}{4}$ kg | 30 kg | 1 kg | 75 kg

Inhalt	375 g	450 g	380 g	525 g	930 g	490 g	710 g	845 g
Flüssigkeit	95 g	123 g	109 g	178 g	192 g	189 g	183 g	266 g
Abtropfgewicht								

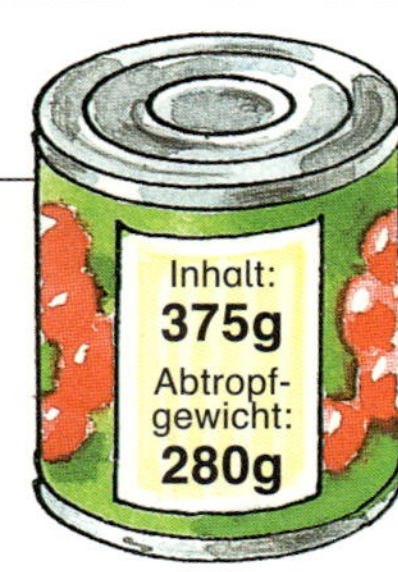

20 Berechne jeweils das Abtropfgewicht.

Anspruchsvolle Zootiere

5 kg Obst, 1 l Milch (ca. 1 kg)
100 g Leber, 500 g Gemüse,
1 Ei (ca. 60 g)

45 kg Heu, 3 kg Mehl, 2 kg Brot,
12 kg Obst und Gemüse,
250 g Salz

400 g Mais, 500 g Gerste,
1 kg Gemüse

1 Zeichne Tabellen und berechne den Nahrungsmittelverbrauch des Gorillas, des Elefanten und des Straußes für 2, 5, 7, 10 und 30 Tage.

Tage	Obst	Milch	Leber		
1	5 kg	1 kg			
2					
…					
30					

2 Vergleiche mit dem, was du an einem Tag isst.

170 g Brot
220 g Kartoffeln
245 g Fleisch
170 g Fett
175 g Gemüse
310 g Früchte

Ergänze zu einem halben Kilogramm.

(3) 250 g (4) 170 g (5) 425 g (6) 0 g
(7) 396 g (8) 672 g (9) 19 g (10) 500 g
(11) 114 g (12) 87 g (13) 275 g (14) 499 g

Ergänze zu einem Kilogramm.

(15) 800 g (16) 650 g (17) 935 g (18) 1 000 g
(19) 76 g (20) 185 g (21) 4 g (22) 500 g
(23) $\frac{1}{4}$ kg (24) $\frac{1}{2}$ kg (25) $\frac{3}{4}$ kg (26) 0 kg

(27) Die Krokodile sind die größten Reptilien. Sie werden bis zu 10 m lang und 2 000 kg schwer. Die Krokodile wachsen ihr ganzes Leben lang. Über 100 Jahre alt können sie werden.

Im Zoo bekommt ein Krokodil zweimal in der Woche nur 1 kg Fleisch. Der Berliner Zoo hat zur Zeit 15 Krokodile.

Affen, Löwen, Elefanten … bekommen 30- bis 200-mal mehr zu fressen als Krokodile.

Weitere Übungsaufgaben auf Seite 128.

Kontrolle nicht vergessen.

① 4,06 m – 350 cm
② 683 cm – 2,35 m
③ 6,15 m – 68 cm
④ 8 m 20 cm – 5,16 m

⑤ 5,08 € – 3,54 €
⑥ 725 ct – 5,89 €
⑦ 5 € 31 ct – 277 ct
⑧ 9 € 9 ct – 8,79 €

⑨ 982 g – 864 g
⑩ 1 kg – 572 g
⑪ 1 kg 315 g – 796 g
⑫ 1 kg 60 g – 519 g

⑬ Herr Summ kauft ein Vollkornbrot für 2,50 € und drei Brötchen für je 0,45 €. Er bezahlt mit 10 €.
a) Wie viel kostet es?
b) Wie viel bekommt er zurück?

⑭ Timos Schwester ist eine tolle Leichtathletin. Mit einem Anlauf von nur 10 m kann sie 5 m weit springen. Wie weit kann sie springen, wenn sie den Anlauf auf a) 20 m, b) 30 m verlängert?

⑮ Frau Fröhlich macht eine große Radtour um den Bodensee.
1. Tag: 68 km 3. Tag: 75 km
2. Tag: 91 km 4. Tag: 82 km
a) Wie viel km sind es rund?
b) Wie viel km sind es genau?

⑯ Das Stachelschwein Julchen hat in den ersten 3 Jahren 10 kg zugenommen. Im 4. Jahr hat es 2 kg zugenommen.
a) Wie viel wiegt Julchen jetzt?
b) Wie viel wiegt Julchen etwa in 10 Jahren?

Schreibe die Gewichtsangaben auf 2 Arten. Beispiel: 1 kg 88 g = 1 088 g

⑰ 1 kg 88 g
⑱ 3 kg 80 g
⑲ 1 500 g
⑳ 1000 g
㉑ 265 g
㉒ 500 g
㉓ 2 kg 25 g
㉔ 2 kg 250 g
㉕ $\frac{1}{2}$ kg
㉖ $\frac{3}{4}$ kg

㉗ Die Elefanten im Zoo benötigen täglich 225 kg Heu. Die Büffel verzehren 115 kg und die Giraffen 315 kg Heu.

㉘ Der Zoo hat 558 kg Obst und Gemüse erhalten. Bei der ersten Fütterung wurden 271 kg verteilt.

Konto-Nr.	Name des Kontoinhabers	Zinsen sind einkommensteuerpflichtig.
1205369	Eva Knoll	Pfennigweg 57 d 12247 Berlin

Zeile	Unterschriften Geschäftsvorfall-Nr.	Datum	Auszahlung Euro	Einzahlung Euro	Guthaben Euro
1	0012	01.03.2005 0387 AUSZ 1205369	150,00		******376,39
2	0012	05.04.2005 0404 EINZ 1205369			
3	0012	10.05.2005 0323 AUSZ 1205369			

29 Eva hebt am 1. März 150 € ab. Am 5. April zahlt sie 85 € ein. Am 10. Mai holt sie wieder Geld. Jetzt hat sie noch 331,39 €. Berechne die fehlenden Zahlen.

30 Wie viel Geld hatte Eva vor dem 1. März 2005 auf dem Sparbuch?

㉛ Wer trägt am schwersten?

Könnten die Kinder die Waren so verteilen, dass jedes gleich schwer tragen muss?

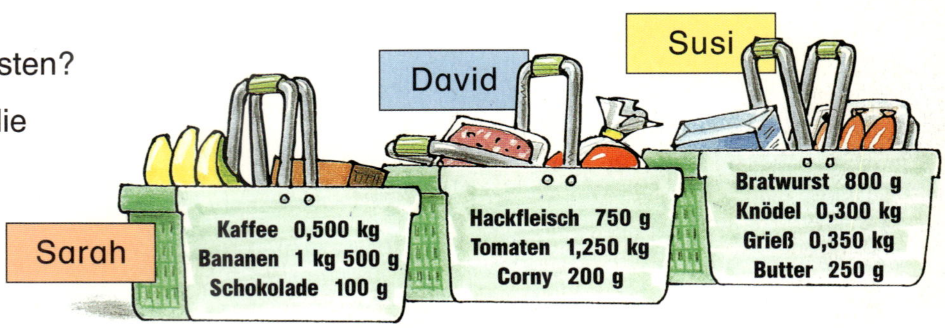

Uhrzeiten

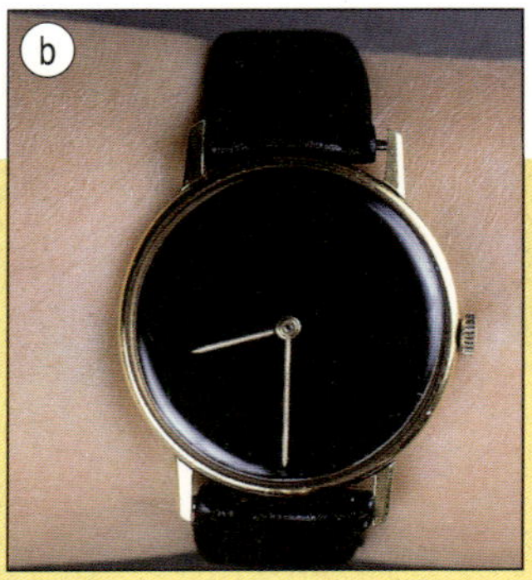

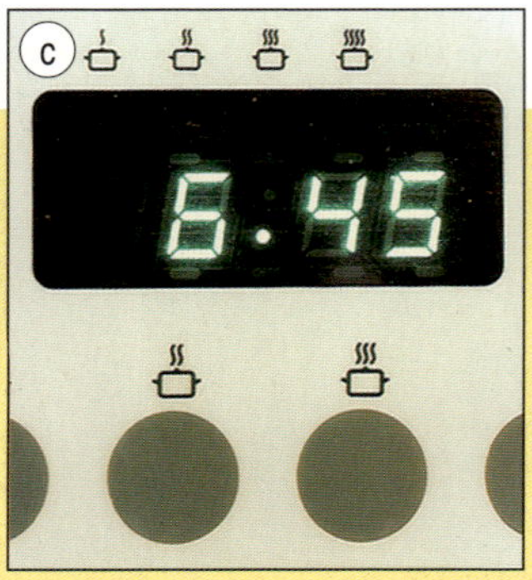

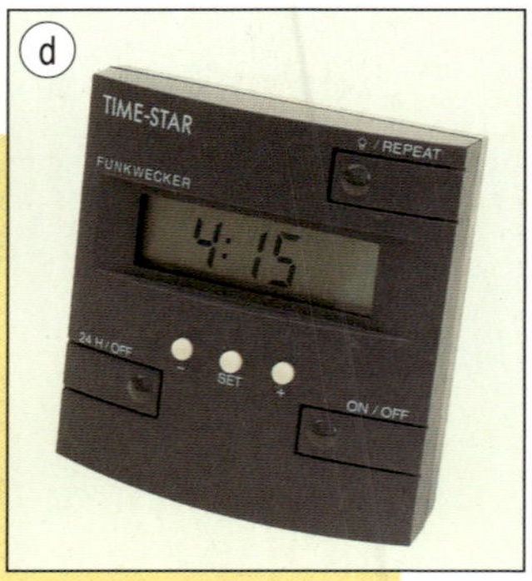

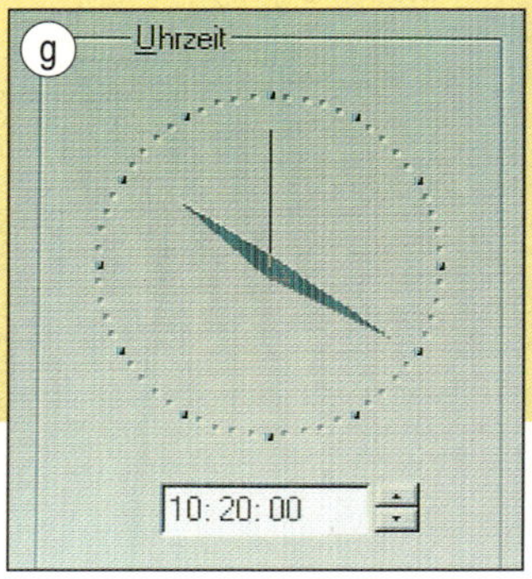

1 Stelle die Uhrzeiten a bis h auf deiner Lernuhr (Beilage 8) ein und nenne sie.
a) 9.00 Uhr, 21.00 Uhr

2 Schreibe auf, wie viele Minuten seit der letzten vollen Stunde vergangen sind (Uhren a bis h).
a) 60 Minuten

3 Wie viele Minuten fehlen bis zur nächsten vollen Stunde?
a) Von 9.00 Uhr bis 10.00 Uhr sind es … Minuten.
Von 21.00 Uhr bis 22.00 Uhr …

4 Wie viele Stunden und Minuten sind seit Beginn des Tages vergangen?
a) Von 0.00 Uhr bis 9.00 Uhr sind es … Stunden und … Minuten.
Von 0.00 Uhr bis 21.00 Uhr …

5 Wie viele Stunden und Minuten vergehen noch bis zum Ende des Tages?
a) Von 9.00 Uhr bis 24.00 Uhr sind es … Stunden und … Minuten.
Von 21.00 Uhr bis 24.00 Uhr …

Die Busse der Linie 1 bis 4 fahren an derselben Haltestelle am Hauptbahnhof ab.
Schreibe die Abfahrtszeiten von 7 bis 9 Uhr auf.

6 Die Busse der Linie 1 fahren alle 5 min: 6.58 … 9.03

7 Die Busse der Linie 2 fahren alle 10 min: 6.58 … 9.08

8 Die Busse der Linie 3 fahren alle 12 min: 6.58 … 9.10

9 Die Busse der Linie 4 fahren alle 15 min: 6.58 … 9.13

10 Wann treffen sich die Busse aller 4 Linien am Hauptbahnhof?

An Stationen könnt ihr euch mit dem Thema „Zeit" auseinandersetzen.

Sekunden und Minuten

(1) Welche Zeiten zeigen die 4 Uhren genau an?

(2) Stellt ein Pendel von 1 m Länge her. Vergleicht die Pendelbewegungen mit dem Sekundenzeiger eurer Uhr.

(3) Beobachtet Stoppuhren.

Klatscht im Sekundenrhythmus und zählt dazu von 21 bis 30.
Versucht euch die Zählgeschwindigkeit einzuprägen.

60 Sekunden = 1 Minute 60 s = 1 min 30 s = $\frac{1}{2}$ min 15 s = $\frac{1}{4}$ min 45 s = $\frac{3}{4}$ min

(4) Fühle deinen Puls und stelle fest, wie oft dein Herz in 10 Sekunden schlägt. Berechne die Anzahl der Herzschläge in 20, 30, 40 und 60 Sekunden.

(5) Mache 20 Kniebeugen. Wie oft schlägt danach dein Herz in 10 Sekunden? Rechne wie bei Aufgabe 4.

Schreibe als Minuten und Sekunden.
Beispiel: 175 s = 2 min 55 s ✓
60 + 60 + 55

(6) 175 s	(9) 100 s	(12) 145 s
(7) 120 s	(10) 243 s	(13) 61 s
(8) 90 s	(11) 121 s	(14) 200 s

Schreibe als Sekunden.
Beispiel: 2 min 10 s = 130 s ✓
2 · 60 + 10

(15) 2 min 10 s	(18) 10 min 5 s	(21) 1 min
(16) 4 min 30 s	(19) 1 min 8 s	(22) $\frac{1}{2}$ min
(17) 6 min 20 s	(20) 6 min 53 s	(23) $\frac{1}{4}$ min

Ergänze zu einer Minute. Beispiel: 48 s + 12 s = 1 min

(24) 48 s	(26) $\frac{1}{2}$ min	(28) 24 s	(30) 50 s	(32) $\frac{1}{4}$ min	(34) 19 s
(25) 8 s	(27) 1 s	(29) 12 s	(31) 15 s	(33) 41 s	(35) $\frac{3}{4}$ min

(36) Die Kreuzspinne wird bis zu 16 mm lang. Um ihre Beute zu fangen, baut sie ein kunstvolles, radförmiges Netz. In nur 6 Sekunden kann sie 3 cm Faden spinnen. Für das ganze Netz braucht sie rund 18 m Faden.

Rechnen mit Stunden, Minuten und Tagen

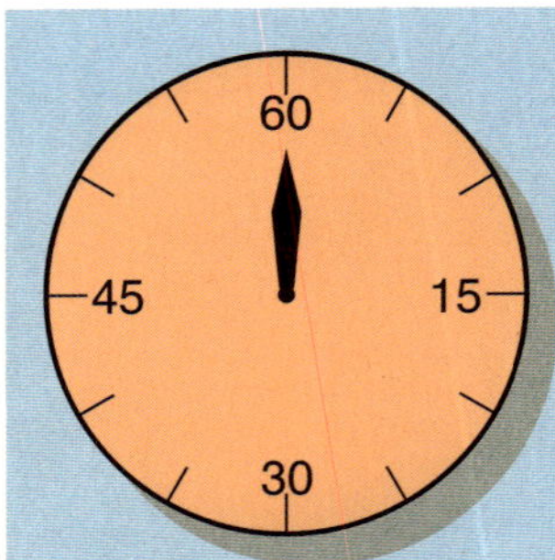

60 Minuten = 1 Stunde
60 min = 1 h

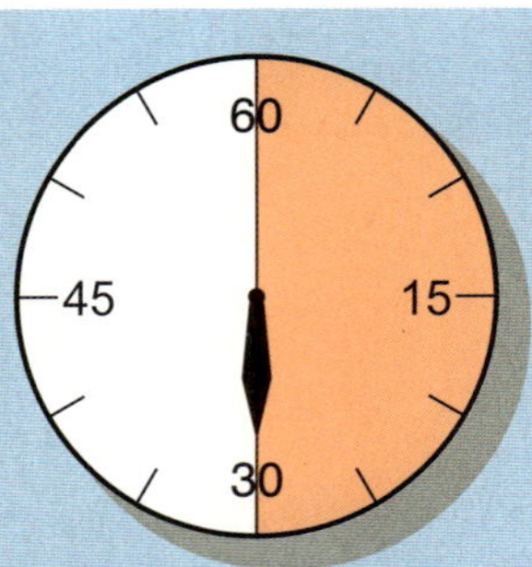

eine halbe Stunde
30 min = $\frac{1}{2}$ h

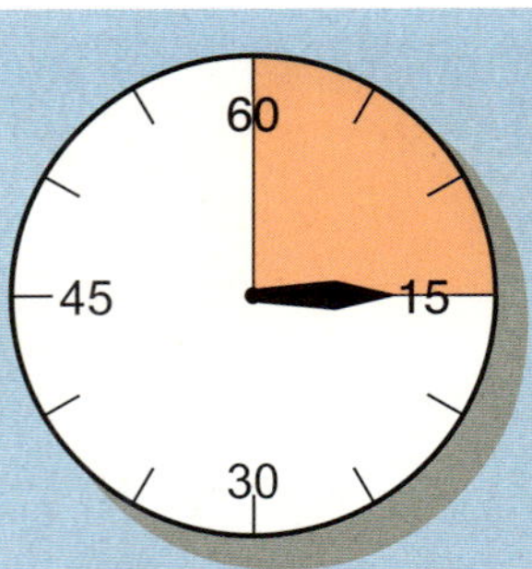

eine viertel Stunde
15 min = $\frac{1}{4}$ h

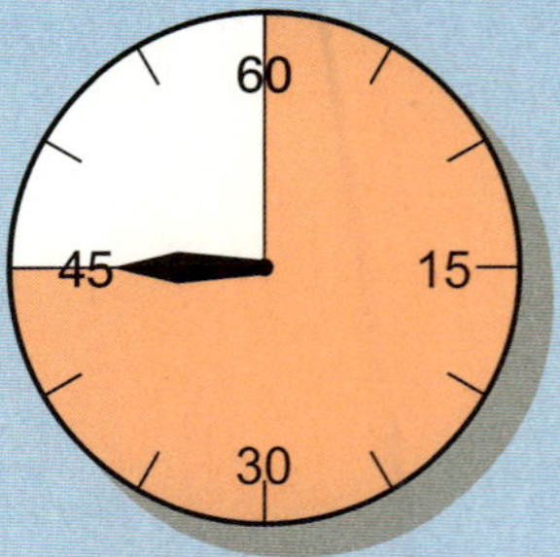

eine dreiviertel Stunde
45 min = $\frac{3}{4}$ h

Schreibe als Minuten.

Beispiel: 2 h 15 min = 135 min ✓
2 · 60 + 15

(1) 2 h 15 min
(2) 3 h 40 min
(3) 4 h 30 min
(4) 5 h 33 min
(5) 1 h 59 min
(6) 3 h 14 min
(7) $\frac{1}{4}$ h
(8) $\frac{1}{2}$ h
(9) $\frac{3}{4}$ h

Schreibe als Stunden und Minuten.

Beispiel: 170 min = 2 h 50 min ✓
60 + 60 + 50

(10) 170 min
(11) 250 min
(12) 80 min
(13) 200 min
(14) 100 min
(15) 163 min
(16) 184 min
(17) 305 min
(18) 372 min

1 Tag = 24 Stunden   1 Tg. = 24 h   1 d = 24 h

Schreibe als Stunden.

Beispiel: 2 Tg. 10 h = 58 h ✓
2 · 24 + 10

(19) 2 Tg. 10 h
(20) 5 Tg. 10 h
(21) 4 Tg. 17 h
(22) 3 Tg. 9 h
(23) 7 Tg. 12 h
(24) 8 Tg. 5 h
(25) 10 Tg.
(26) 20 Tg.
(27) 30 Tg.

Schreibe als Tage und Stunden.

Beispiel: 50 h = 2 Tg. 2 h ✓
24 + 24 + 2

(28) 50 h
(29) 60 h
(30) 75 h
(31) 100 h
(32) 96 h
(33) 83 h
(34) 180 h
(35) 240 h
(36) 300 h

(37) Erfinde Aufgaben.

Rechne so weit du kannst. Fertig, los!

(38)
20 · 1 s = 20 s
40 · 1 s = 40 s
60 · 1 s = 1 min
80 · 1 s =
…

(39)
1 h 0 min = 60 min
2 h 5 min = 125 min
3 h 10 min =
4 h 15 min =
…

(40)
1 Tg. = 24 h
2 Tg. =
3 Tg. =
4 Tg. =
…

(41)
10 h = 0 Tg. 10 h
20 h = 0 Tg. 20 h
30 h = 1 Tg. 6 h
40 h =
…

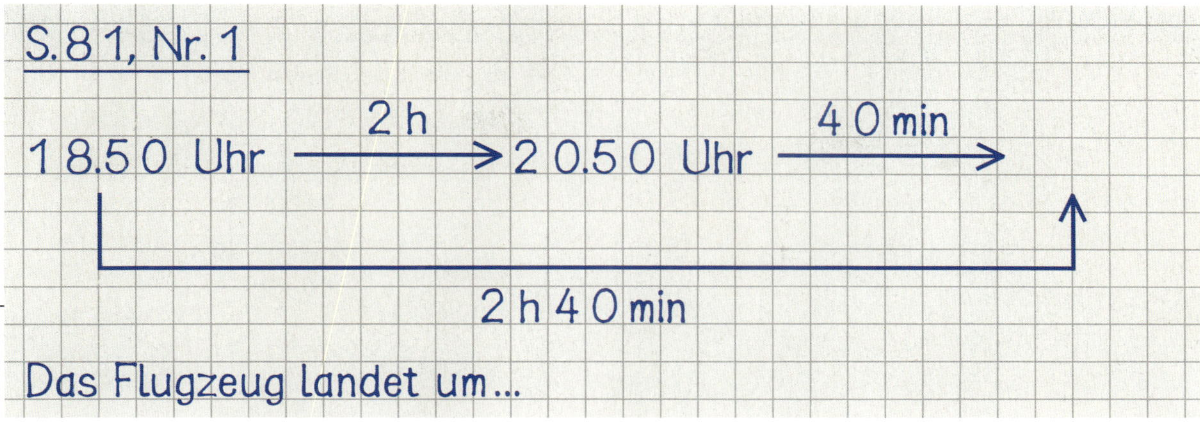

(1) Ein Flugzeug startet um 18.50 Uhr. Es landet nach 2 Stunden 40 Minuten.

(2) Der Unterricht beginnt um 7.40 Uhr und dauert 3 Stunden 30 Minuten.

(3) Herr Fuchs fährt um 17.45 Uhr mit dem Auto in Köln ab. Nach 2 Stunden 55 Minuten ist er in Hannover.

(4) Der Ausflug der Klasse 3 a beginnt um 7.45 Uhr und endet um 17.15 Uhr.

(5) Vater geht morgens um 7.00 Uhr zur Arbeit und kommt um 16.30 Uhr nach Hause.

(6) Elvira geht um 15.30 Uhr zum Schwimmen. Sie muss um 18.15 Uhr zu Hause sein.

(7) Schwester Andrea beendet ihren Dienst um 13.30 Uhr. Sie arbeitet 8 Stunden.

(8) Ulrike muss um 16.00 Uhr in der Sporthalle sein. Für den Weg dorthin braucht sie 35 Minuten.

(9) Das Fußballspiel beginnt um 15.30 Uhr. Hans möchte eine Stunde vorher im Stadion sein. Für den Weg zum Stadion rechnet er 25 Minuten.

(10) Am Donnerstag hat Fabio zwischen 14 Uhr und 18 Uhr seine Zeit so verbracht: 30 Minuten Hausaufgaben, 2 Stunden Training auf dem Sportplatz, 90 Minuten fernsehen und 1 Stunde Musik hören.

(11) Erfinde Aufgaben. Einmal soll Ende, einmal Dauer und einmal Anfang gesucht sein. Zeichne dazu.

18.50 Uhr	2 h 40 min	?
Anfang	Dauer	Ende

(12) Überlege, wie du bei Zeitaufgaben kontrollieren kannst.

	Anfang	Dauer	Ende
13	11.00 Uhr	4 h	
14	2.00 Uhr	4 h 20 min	
15	9.50 Uhr	5 h 10 min	
16	13.20 Uhr	50 min	
17	0.00 Uhr	7 h 30 min	
18	21.15 Uhr	$2\frac{1}{2}$ h	
19	19.20 Uhr	4 h 40 min	
20	21.53 Uhr	6 h 30 min	

	Anfang	Dauer	Ende
21	3.00 Uhr		12.00 Uhr
22	10.20 Uhr		20.00 Uhr
23	15.30 Uhr		18.15 Uhr
24	23.45 Uhr		0.15 Uhr
25	7.54 Uhr		11.13 Uhr
26	11.19 Uhr		24.00 Uhr
27	21.30 Uhr		1.04 Uhr
28	18.16 Uhr		4.43 Uhr

	Anfang	Dauer	Ende
29		2 h	21.00 Uhr
30		5 h 30 min	10.00 Uhr
31		4 h 20 min	16.00 Uhr
32		$6\frac{1}{4}$ h	17.50 Uhr
33		12 h	4.30 Uhr
34		45 min	0.20 Uhr
35		$5\frac{1}{2}$ h	9.45 Uhr
36		7 h 38 min	3.12 Uhr

Weitere Übungsaufgaben auf Seite 128.

Kalender 2006

	Januar	Februar	März
M	2 9 16 23 30	6 13 20 27	6 13 20 27
D	3 10 17 24 31	7 14 21 28	7 14 21 28
M	4 11 18 25	1 8 15 22	1 8 15 22 29
D	5 12 19 26	2 9 16 23	2 9 16 23 30
F	6 13 20 27	3 10 17 24	3 10 17 24 31
S	7 14 21 28	4 11 18 25	4 11 18 25
S	1 8 15 22 29	5 12 19 26	5 12 19 26

	April	Mai	Juni
M	3 10 17 24	1 8 15 22 29	5 12 19 26
D	4 11 18 25	2 9 16 23 30	6 13 20 27
M	5 12 19 26	3 10 17 24 31	7 14 21 28
D	6 13 20 27	4 11 18 25	1 8 15 22 29
F	7 14 21 28	5 12 19 26	2 9 16 23 30
S	1 8 15 22 29	6 13 20 27	3 10 17 24
S	2 9 16 23 30	7 14 21 28	4 11 18 25

	Juli	August	September
M	3 10 17 24 31	7 14 21 28	4 11 18 25
D	4 11 18 25	1 8 15 22 29	5 12 19 26
M	5 12 19 26	2 9 16 23 30	6 13 20 27
D	6 13 20 27	3 10 17 24 31	7 14 21 28
F	7 14 21 28	4 11 18 25	1 8 15 22 29
S	1 8 15 22 29	5 12 19 26	2 9 16 23 30
S	2 9 16 23 30	6 13 20 27	3 10 17 24

	Oktober	November	Dezember
M	2 9 16 23 30	6 13 20 27	4 11 18 25
D	3 10 17 24 31	7 14 21 28	5 12 19 26
M	4 11 18 25	1 8 15 22 29	6 13 20 27
D	5 12 19 26	2 9 16 23 30	7 14 21 28
F	6 13 20 27	3 10 17 24	1 8 15 22 29
S	7 14 21 28	4 11 18 25	2 9 16 23 30
S	1 8 15 22 29	5 12 19 26	3 10 17 24 31

1 Schreibe das heutige Datum auf. Wie viele Tage des Jahres sind vergangen? Wie viele Tage vergehen noch bis zum Ende des Jahres? Was ist mit dem heutigen Tag?

2 Wie viele Tage sind seit Beginn des Monats vergangen? Wie viele Tage vergehen noch bis zum Ende des Monats? Wie viele Tage sind es zusammen? Vergleiche mit dem Kalender.

a) 10. Januar
b) 15. April
c) 6. Juli
d) 22. September
e) 2. Oktober
f) 11. Dezember

Sommerferien 2006

Land	
Baden-Württemberg	03.08. bis 15.09.
Nordrhein-Westfalen	26.06. bis 08.08.
Sachsen	24.07. bis 01.09.
Hessen	17.07. bis 25.08.
Thüringen	20.07. bis 30.08.
Mein Land	________

3 Berechne für dein Land und die anderen Bundesländer die Dauer der Sommerferien.

4 Man sagt: Ein Jahr hat 365 Tage. Ein Jahr hat 52 Wochen. Überprüfe mithilfe einer Tabelle.

5 Klaus ist 2 Jahre älter als Pia. Pia ist 3 Jahre jünger als Rudi. Rudi ist 12 Jahre alt und 4 Jahre jünger als Klaus.

6 Benni: „Ich bin 85 Monate alt. Und du?“ Ute: „Ich bin 7 Jahre und 3 Monate alt!“

7 Claudia ist am 27.3.1996 geboren. Wie viele Jahre, Monate, Tage ist sie heute alt?

8 Opa wurde 1935 geboren. Oma ist 2 Jahre jünger. Im Jahre 2004 wurde der älteste Enkel 20 Jahre alt.

9 Papa sagt zu Julia: „Heute bin ich 7-mal so alt wie du. In 25 Jahren bin ich nur noch doppelt so alt wie du!“

10 Menschen im Weltraum

Raumschiff	Start	Landung	Flugdauer
Wostok 1	12.4.1961 7.07 Uhr	12.4.1961 8.55 Uhr	
Apollo 7	11.10.1968 15.30 Uhr	22.10.1968 8.39 Uhr	
Skylab 4	16.11.1973 15.15 Uhr	8.2.1974 16.31 Uhr	
Sojus TM 4	21.12.1987 6.10 Uhr	21.12.1988 4.29 Uhr	
Sojus TM 18	8.1.1994 10.40 Uhr	22.3.1995 4.38 Uhr	

5 · 195 ct = 975 ct
5 · 100 ct = 500 ct
5 · 90 ct = 450 ct
5 · 5 ct = 25 ct
975 ct = 9,75 € ✓

5 · 1,95 € = 9,75 € ✓
500, 450, 25, 975

5 · 1,95 € = 9,75 € ✓
10 € – 25 ct

Rechne möglichst geschickt. Einige Aufgaben kannst du im Kopf lösen.

(1) 5 · 1,95 €	(4) 3 · 3,25 €	(7) 5 · 1,90 €	(10) 7 · 1,28 €	(13) 4 · 10,95 €
(2) 6 · 1,54 €	(5) 4 · 2,50 €	(8) 2 · 3,65 €	(11) 4 · 3,75 €	(14) 5 · 11,99 €
(3) 4 · 2,99 €	(6) 8 · 1,99 €	(9) 3 · 5,99 €	(12) 6 · 7,98 €	(15) 3 · 15,95 €

Camembert 1.25

125-g-Schachtel

Cocos
reines Pflanzenfett
1-kg-Stange
1.99

Gulasch 4.99
gemischt vom Rind und Schwein
1 kg

Spanische Paprika

500 g 1.45

Deutsche Tafeläpfel

1 kg 1.59

Italienischer Endiviensalat

Stück 0.75

Wie viel kostet es rund (Überschlag)? Wie viel kostet es genau?

(16) 3 Schachteln Camembert
(17) 6 Stück Endiviensalat
(18) 10 kg Pflanzenfett
(19) 8 kg Gulasch
(20) 5 kg Tafeläpfel
(21) 3 kg Paprika und 250 g Camembert

(22) Alexander und Andreas wollen sich 1,50 € teilen. Alexander soll 30 ct weniger bekommen als Andreas. Wie viel bekommt jeder der Jungen?

(23) Um vier Kugeln Eis zu kaufen, fehlen Anna 30 ct. Also kauft sie 3 Kugeln und hat 20 ct übrig. Wie viel kostet eine Kugel Eis?

S.84, Nr.1
1,80 € : 3 = 0,60 € ✓
180 ct : 3 = 60 ct
60 ct = 0,60 €

(1) 1,80 € : 3
(2) 4,20 € : 6
(3) 1,60 € : 2
(4) 3,50 € : 7
(5) 3,20 € : 4
(6) 2,70 € : 3
(7) 4,50 € : 9
(8) 1,50 € : 5
(9) 3,20 € : 8
(10) 2,10 € : 3
(11) 2,40 € : 4
(12) 7,20 € : 9
(13) 8,50 € : 10
(14) 7,40 € : 10
(15) 9,90 € : 10

16 Ute will 10 Dosen Nüsse für eine Party kaufen. Sie vergleicht die Preise.

Anzahl der Dosen	Geschäft A	Geschäft B	Geschäft C
1	0,90 €		
3		2,10 €	
5			4,00 €
10			

SOMMERWURST

100 g	
200 g	
250 g	
300 g	
400 g	2,80 €
500 g	
1000 g (1 kg)	

17 Zeichne für jede Wurstsorte eine Tabelle und berechne die Preise.

18 Ordne alle Wurstsorten nach dem Preis. Welches ist die billigste Wurst?

(19) Herr Schlegel kauft Bierschinken und Teewurst. Er bezahlt mit 50 € und bekommt 42,80 € zurück. Suche alle Möglichkeiten.

Heute frisch im Angebot:

SOMMERWURST	400-g-Stück	2,80
LANDLEBERWURST	200-g-Glas	1,60
BIERSCHINKEN	300-g-Dose	1,80
TEEWURST	100 g	0,90
LYONER	250-g-Stück	1,50

(20) Ayse kauft im Sonderangebot 8 kg Waschmittel für 10 €. Die 2-kg-Normalpackung kostet 2,40 €.

(21) Frau Fischer kauft für 24,90 € eine Hose, für 19,90 € ein T-Shirt und für 3,90 € ein Tuch. Sie bezahlt mit einem Schein. Sie bekommt einen Schein und 3 Münzen zurück.

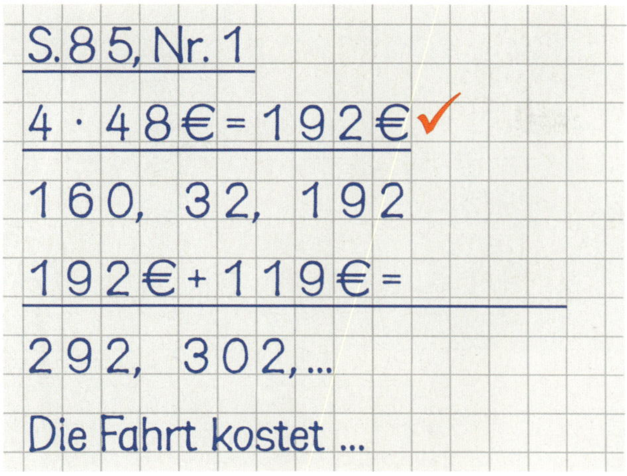

Rechne möglichst viel im Kopf.

① Ralf und Erik fahren mit ihren Eltern nach Ulm. Die Busfahrt kostet pro Person 48 €. Für Essen und Trinken, Eintrittsgelder u. a. geben sie insgesamt noch 119 € aus.

Ulm

② Eine Klasse aus Greifswald (29 Schüler und Lehrerin) plant eine Hafenrundfahrt in Rostock. Die Busfahrt kostet 330 €, die Hafenrundfahrt 9 € pro Person.

③ Gisela fährt mit ihren Eltern nach Dresden. Die Reise kostet für die Erwachsenen je 128 €. Gisela zahlt nur den halben Preis. Für eine Fahrt auf der Elbe, Essen, Trinken … zahlt die Familie noch 85 €.

④ Eine Sonderfahrt mit der Bundesbahn kostet pro Person 80 €.
Der Kegelclub Hauruck bezahlt für seine Mitglieder 640 €.

⑤ Die Schüler der Heideschule aus Köln besuchen ihre Partnerschule in Berlin (Entfernung 560 km).
Der Bus fährt 70 km in der Stunde.

Berlin

⑥ Frau Koch fährt mit ihren 3 Kindern nach Wuppertal. Die Fahrt kostet für Frau Koch 23 €, für jedes der Kinder 17 €.
Für Zoobesuch, Fahrt mit der Schwebebahn, Getränke u. a. gibt Frau Koch noch 89 € aus.

⑦ Ulla und Karl-Heinz fahren mit ihren Eltern in den Europapark.

Auf dem Rückweg rechnen sie:

Eintritt für Erwachsene pro Person	27,–
Eintritt für Kinder pro Person	24,–
Essen und Trinken	38,–
Fahrtkosten	57,–

Mutter meint: „Gut, dass wir 200 € mitgenommen haben."

Dresden

Fahrt mit der Museumsbahn – Fragen, planen, rechnen

FAHRPLAN

MAI	JUNI	JULI	AUGUST	SEPTEMBER
1 Sa 🚂 Saisoneröffnung	1 Di	1 Do	1 So 🚃 🚃	1 Mi 🚃 🚃
2 So 🚃 🚃	2 Mi 🚃 🚃	2 Fr	2 Mo	2 Do 🚂
3 Mo	3 Do	3 Sa 🚃 🚃	3 Di	3 Fr
4 Di	4 Fr	4 So 🚃 🚃	4 Mi 🚃 🚃	4 Sa 🚃 🚃
5 Mi 🚃	5 Sa 🚃 🚃	5 Mo	5 Do 🚂	5 So 🚃 🚃
6 Do	6 So 🚃 🚃	6 Di	6 Fr	6 Mo
7 Fr	7 Mo	7 Mi 🚃 🚃	7 Sa 🚂	7 Di
8 Sa 🚂	8 Di	8 Do 🚂	8 So 🚃 🚃	8 Mi 🚃 🚃
9 So 🚃 🚃	9 Mi 🚃 🚃	9 Fr	9 Mo	9 Do 🚂
10 Mo	10 Do 🚂 Fronleichnam	10 Sa 🚃 🚃	10 Di	10 Fr
11 Di	11 Fr	11 So 🚃 🚃	11 Mi 🚃 🚃	11 Sa 🚃 🚃 W
12 Mi 🚃	12 Sa 🚃 🚃	12 Mo	12 Do 🚂	12 So 🚃 🚃
13 Do	13 So 🚃 🚃	13 Di	13 Fr	13 Mo
14 Fr	14 Mo	14 Mi 🚃 🚃	14 Sa 🚂	14 Di
15 Sa 🚂 W	15 Di	15 Do 🚂	15 So 🚃 🚃	15 Mi 🚃 🚃
16 So 🚃 🚃	16 Mi 🚃 🚃	16 Fr	16 Mo	16 Do 🚂
17 Mo	17 Do	17 Sa Dixiebähnle	17 Di	17 Fr
18 Di	18 Fr	18 So 🚃 🚃 W	18 Mi 🚃 🚃	18 Sa 🚃 🚃
19 Mi 🚃	19 Sa 🚃 🚃	19 Mo	19 Do 🚂	19 So 🚃 🚃
20 Do 🚃 Chr. Himmelfahrt	20 So 🚃 🚃	20 Di	20 Fr	20 Mo
21 Fr	21 Mo	21 Mi 🚃 🚃	21 Sa 🚂	21 Di
22 Sa 🚂	22 Di	22 Do 🚂	22 So 🚃 🚃	22 Mi 🚃 🚃
23 So 🚃 🚃	23 Mi 🚃 🚃	23 Fr	23 Mo	23 Do
24 Mo	24 Do	24 Sa 🚃 🚃	24 Di	24 Fr
25 Di	25 Fr	25 So 🚃 🚃	25 Mi 🚃 🚃	25 Sa 🚃 🚃
26 Mi 🚃	26 Sa 🚃 🚃	26 Mo	26 Do 🚂	26 So 🚃 🚃
27 Do	27 So 🚃 🚃	27 Di	27 Fr	27 Mo
28 Fr	28 Mo	28 Mi 🚃 🚃	28 Sa 🚂	28 Di
29 Sa 🚂 Pfingsten	29 Di	29 Do 🚂	29 So 🚃 🚃	29 Mi 🚃 🚃
30 So 🚃 🚃 Pfingsten	30 Mi 🚃 🚃	30 Fr	30 Mo	30 Do
31 Mo Pfingsmontag		31 Sa 🚃 🚃	31 Di	

🚂 Fahrt 14.00 Uhr   🚃 🚃 Fahrt 10.00 und 14.00 Uhr   W = geführte Wanderungen

VORMITTAGS					NACHMITTAGS				
10.00 Uhr	ab	Blumberg	an	12.35 Uhr	14.00 Uhr	ab	Blumberg	an	16.45 Uhr
10.13 Uhr	↓	Epfenhofen	↑	12.22 Uhr	14.13 Uhr	↓	Epfenhofen	↑	16.33 Uhr
* * *	↓	Wutachblick	↑		* * *	↓	Wutachblick	↑	
10.34 Uhr	↓	Fützen	↑	12.05 Uhr	14.34 Uhr	↓	Fützen	↑	16.15 Uhr
11.00 Uhr	↓	Lausheim-Blumegg	↑	11.38 Uhr	15.00 Uhr	↓	Lausheim-Blumegg	↑	15.48 Uhr
11.08 Uhr	an	Weizen	ab	11.30 Uhr	15.08 Uhr	an	Weizen	ab	15.40 Uhr

* * * Halt für Wandergruppen ab 15 Personen

FAHRPREISE *	Erwachsene	Kinder (4 - 14 J.)
Hin- und Rückfahrkarte	13,00 €	6,50 €
Einfache Fahrt	10,00 €	5,00 €
Gruppen ab 20 Personen (jede 20. Karte frei)		
Hin- und Rückfahrkarte	12,00 €	6,00 €
Einfache Fahrt	9,00 €	4,50 €
Familienkarte Hin-Rück	34,00 €	
Familienkarte Einfach	25,00 €	

* inkl. Eintrittsgebühr für das Blumberger Eisenbahnmuseum und Reiterstellwerk.

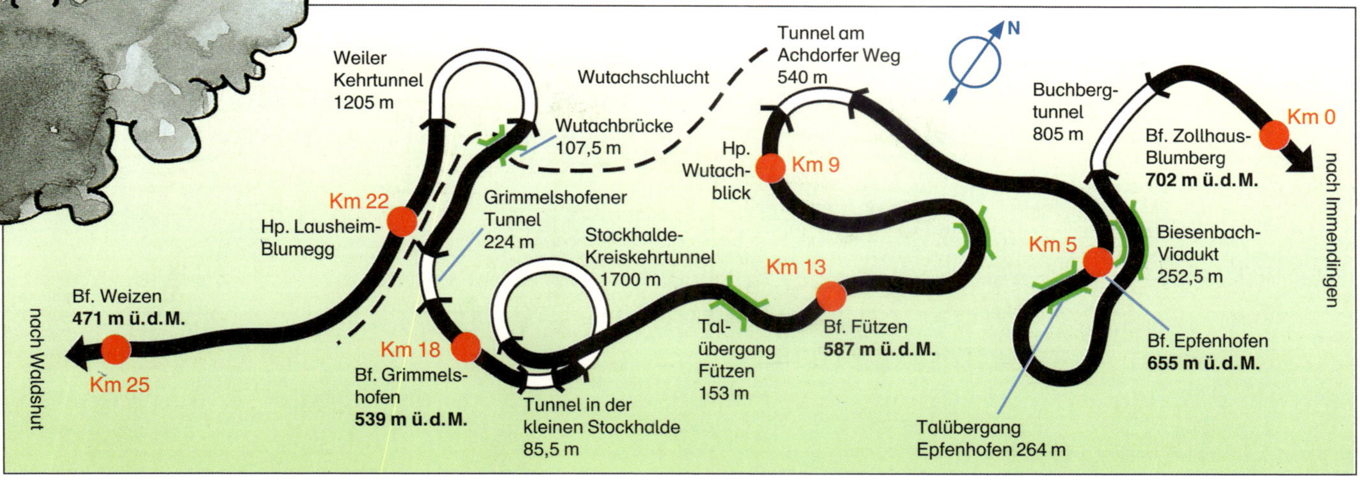

Ⓐ Andrea (16 Jahre) und Sybille (18 Jahre) fahren um 12.05 Uhr von Fützen nach Blumberg und am Nachmittag wieder zurück.

a) Wann sind sie wieder in Fützen?
b) Wie lange sind sie unterwegs?
c) Wie lange fahren sie mit der Bahn?
d) Wie viel müssen sie bezahlen?

Ⓑ Die Klasse 3c will mit 26 Schülern, der Lehrerin und 2 Eltern eine Fahrt mit der Museumsbahn unternehmen. Der Ausflug soll an einem Mittwoch oder Donnerstag im Juni stattfinden. Geplanter Ablauf:
Start in Blumberg, Halt in Fützen für eine etwa zweistündige Wanderung, danach Weiterfahrt nach Weizen, zurück nach Blumberg, Heimfahrt.

Ⓒ Rudi fährt mit der Museumsbahn 26 km, Ida 18 km, Jana 50 km.

Ⓓ Familie Toll will an einem Donnerstag 3-mal von Blumberg nach Weizen und zurück fahren. Uli meint: „Da legen wir ja über 100 km zurück und bezahlen mindestens 97,50 €.“

Ⓔ Familie Mumm (Eltern, 3 Kinder unter 14 Jahren) steigt in Weizen in die Museumsbahn ein. Nachdem die Bahn 184 Höhenmeter überwunden hat, steigt die Familie aus, um eine größere Wanderung zu machen. Nach etwa 2 Stunden wollen sie nach Weizen zurückfahren.

Ⓕ Alina: „Die Teilstrecke mit dem längsten Tunnel hat mir am besten gefallen!“ Benno: „Ich bin die längste Teilstrecke gefahren!“

1. Vergleicht die sechs Texte. Wodurch unterscheiden sie sich?
2. Löst die Aufgabe A. Sucht dann zu den Texten B bis F möglichst viele Fragen und versucht diese zu beantworten.
   Einige Texte müsst ihr so verändern, dass die Fahrten wirklich durchgeführt werden können.
3. Erfindet zu jeder der sechs Aufgabenarten selbst Aufgaben.
4. Besorgt euch Informationen über Bahnen in eurer Nähe.
   Erfindet, plant, rechnet …

(1) Wie viele **Sekunden?**
2 min 15 s
4 min 45 s
3 min 8 s

(2) Wie viele **Minuten?**
130 s
119 s
183 s

(3) Wie viele **Minuten?**
2 h 10 min
3 h 35 min
4 h 40 min

(4) Wie viele **Stunden?**
185 min
220 min
127 min

(5) Wie viele **Stunden?**
1 Tg. 6 h
3 Tg. 4 h
5 Tg. 9 h

(6) Wie viele **Tage?**
60 h
32 h
58 h

(7) Wie viele **Tage?**
3 Wochen
26 Wochen
52 Wochen

(8) Wie viele **Wochen?**
38 Tg.
60 Tg.
27 Tg.

(9) Wie viele **Wochen?**
Januar
Februar
April

(10) Wie viele **Monate?**
2 Jahre 8 Monate
5 Jahre 6 Monate
3 Jahre 4 Monate

(11) Wie viele **Jahre?**
16 Monate
20 Monate
28 Monate

	Anfang	Dauer	Ende
12	0.00 Uhr	24 h	
13	0.00 Uhr	$6\frac{1}{2}$ h	
14	0.00 Uhr	$17\frac{3}{4}$ h	
15	7.00 Uhr	12 h 52 min	

	Anfang	Dauer	Ende
16	17.00 Uhr		24.00 Uhr
17	12.16 Uhr		19.44 Uhr
18		7 h	16.20 Uhr
19		3 h 12 min	15.00 Uhr

(20) Ordne die Zeitspannen nach der Größe. Schreibe so: 4 Tage < 1 Woche < …
April, 4 Tage, 10 Wochen, 1 Jahr, Dezember, 10 Monate, 1 Woche,
50 Tage, 15 Monate, 5 Monate, Februar

21 Heinz kauft 600 g Wurst für 4,80 €.
Iris bezahlt für 400 g Wurst 3,60 €.
Vergleiche.

22 Frau May bezahlt für 8 m Vorhangstoff 72 €. Berechne den Preis für 1 m, 2 m, 3 m, 4 m, 5 m, 10 m.

23 Ralf erkundigt sich in drei Geschäften nach den Preisen für das neue Getränk „Limo-fit". Vergleiche.
1. Geschäft: 4 Flaschen 2,20 €
2. Geschäft: 3 Flaschen 1,80 €
3. Geschäft: 6 Flaschen 3,00 €

Kartoffeln 10 kg 2.90
Rosenkohl 1 kg 0.80
Äpfel 1 kg 1.90
Salami 100 g 1.50

Wie viel kostet es zusammen?
Wie viel bekommst du zurück?

(24) 10 kg Kartoffeln, 1 kg Rosenkohl, bezahlt mit 10 €.

(25) 200 g Salami, 1 kg Rosenkohl, bezahlt mit 5 €.

(26) 2 kg Äpfel, 10 kg Kartoffeln, bezahlt mit 20 €.

(27) 20 kg Kartoffeln, 2 kg Äpfel und 1 kg Rosenkohl, bezahlt mit 50 €.

(28) Was könnte gekauft worden sein? Bezahlt mit 5 €, zurück 1,20 €.

(29) Lisa, Daniel und Anna schätzen das Alter ihrer Lehrerin Frau Klug.
Lisa meint: „Ich glaube, sie ist 33 Jahre alt." Daniel schätzt: „Sie ist 32 Jahre alt."
„Nein", sagt Anna, „sie ist älter, sie ist 36 Jahre alt."
Die Kinder fragen Frau Klug. Die antwortet: „Keiner hat Recht. Einer hat sich um 1 Jahr, einer um 2 und einer um 3 Jahre verschätzt."

Körper untersuchen – Netze zeichnen

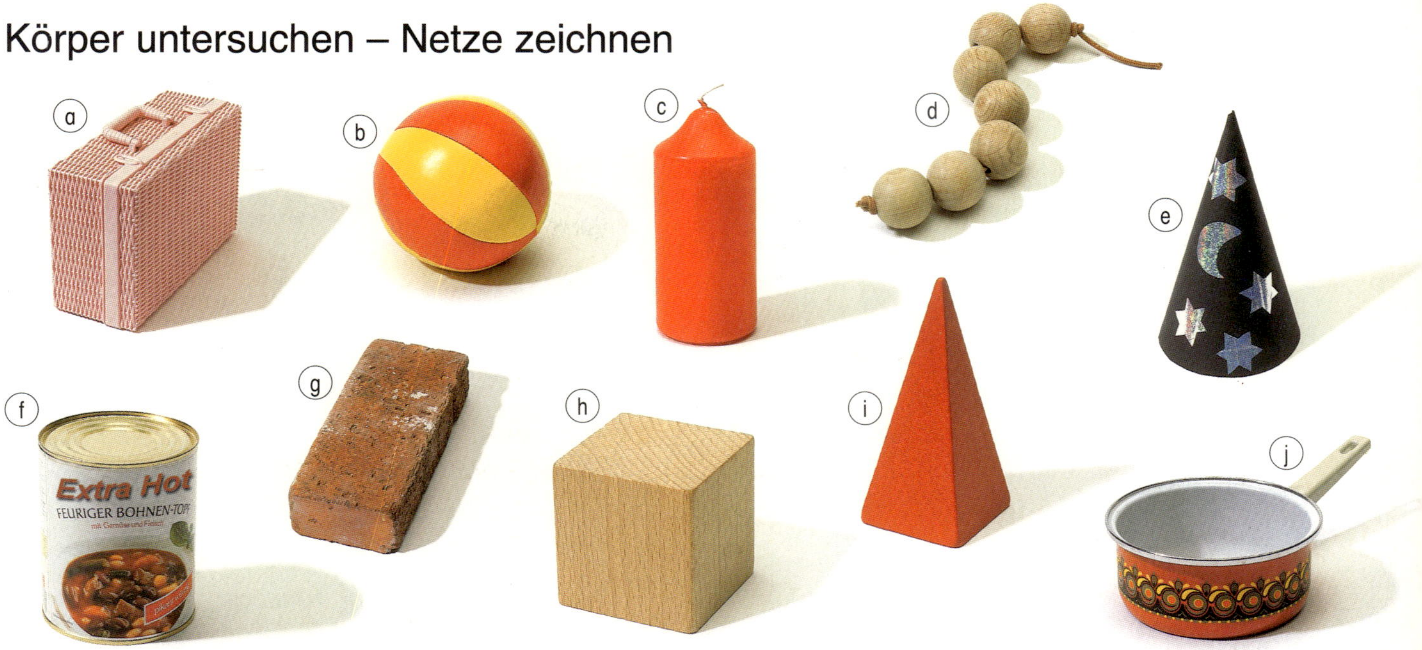

① Sammelt Gegenstände und sortiert sie nach der Form.
Schreibt die Namen dazu: Quader, Kugel, Zylinder, Kegel, Pyramide, Würfel.

② Vergleicht die verschiedenen Körper. Verwendet Begriffe wie rund, eckig …
Denkt auch an Flächen, Ecken, Kanten.

③ Diskutiert folgende Fragen und macht entsprechende Experimente:
a) Welche Körper kann man gut aufeinander stellen?
b) Welche Körper lassen sich gut rollen? (nach einer Seite, nach allen Seiten …)
c) Welche Körperform kommt bei Verpackungen am häufigsten vor? Warum?

④ Körper-Rätsel. Wie heiße ich?
a) Ich habe 6 gleich große Flächen.
b) Ich habe keine Ecken und Kanten.
c) Ich habe 5 Flächen und 5 Ecken.

⑤ Erfinde für deinen Partner weitere „Körper-Rätsel“.

⑥ Dieses Ei ist 6 cm hoch. Joline stellt 4 Eier aufeinander. Wie hoch ist der Eierturm etwa?

⑦ Ralf behauptet: „Es gibt Körper, die nur eine Fläche haben!“

⑧ Sammelt quaderförmige Verpackungen. Schneidet sie auf, entfaltet sie.

⑨ Umfahrt die Umrisse und zeichnet die Kanten ein.
Die so entstandenen Abbildungen der Quader nennt man Netze.

⑩ Nummeriert in den gezeichneten Netzen die Flächen und färbt die gegenüberliegenden Flächen mit der gleichen Farbe.

Körper untersuchen – Netze stempeln und zeichnen

① Färbe eine Fläche deiner Streichholzschachtel mit Deckfarben.
Stemple auf ein Blatt Papier.
Färbe eine angrenzende Fläche und stemple.
Arbeite so weiter, bis alle Flächen abgebildet sind.

② Schneide aus und falte.
Was stellst du fest?

③ Färbe und stemple noch einmal.
Stemple aber so, dass ein anderes Netz entsteht.
Schneide aus und falte zur Kontrolle.

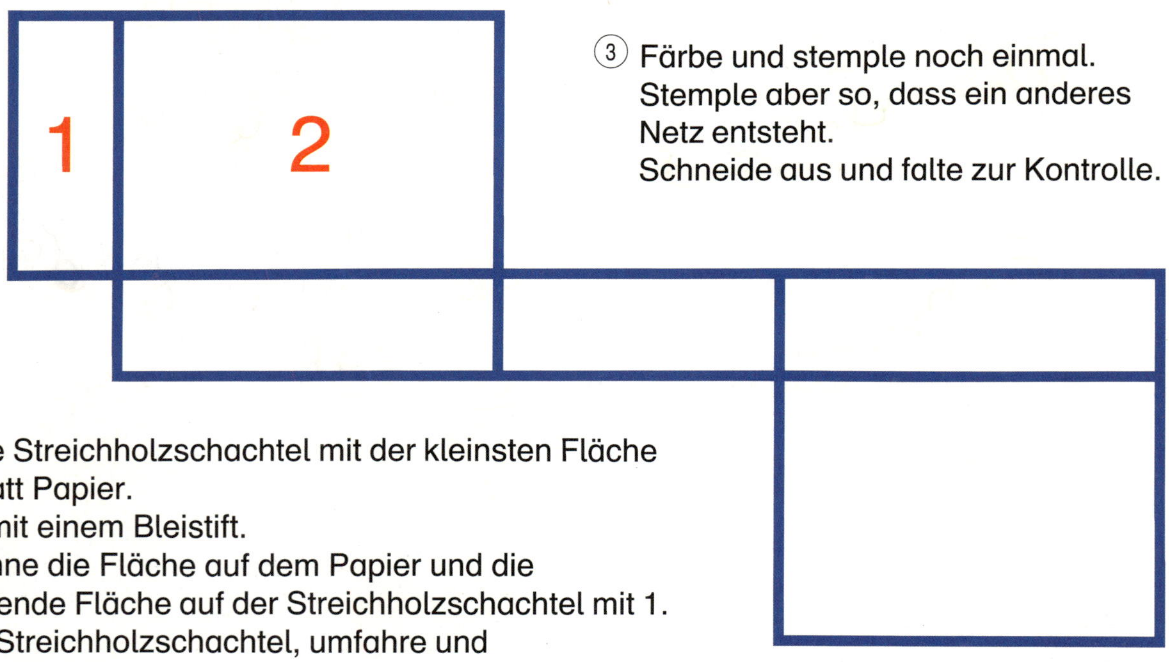

④ Stelle eine Streichholzschachtel mit der kleinsten Fläche auf ein Blatt Papier.
Umfahre mit einem Bleistift.
Kennzeichne die Fläche auf dem Papier und die entsprechende Fläche auf der Streichholzschachtel mit 1.
Kippe die Streichholzschachtel, umfahre und kennzeichne mit 2.
Arbeite so weiter, bis das Netz von oben entstanden ist.

⑤ Zeichne noch andere Netze von Streichholzschachteln.
Kippe, umfahre und kennzeichne wie bei Aufgabe 4.
Schneide aus und falte jeweils zur Kontrolle.

Körper und Kantenmodelle herstellen

Form	Abbildung	Kanten	Ecken	Flächen
Würfel	A,	12		
Quader				
Zylinder				
Kegel				
Pyramide				
Kugel				

① Stellt Vollkörper und Kantenmodelle her. Untersucht und vergleicht eure Modelle.

2 Untersucht die abgebildeten Körper. Füllt dann die Tabelle aus.

③ Wie viele Kanten stoßen jeweils in einer Ecke zusammen?

Körper bauen – Baupläne zeichnen

Gebäude

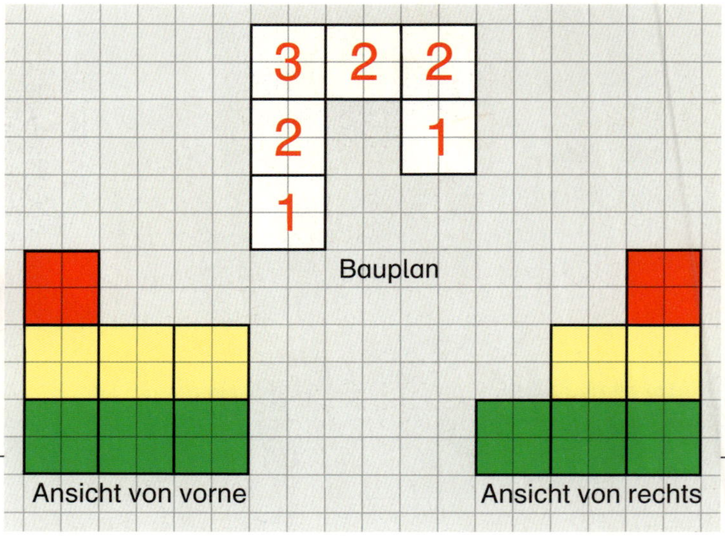

Baue mit Steckwürfeln die Gebäude Nr. 1 bis 9.
Zeichne jeweils eine Ansicht von vorne und eine Ansicht von einer Seite.

(1)

1	4	1
		2
		3
		3

(2)

3	3	3
3	3	3
3	3	3

(3)

1		
3		
3	3	1
4	2	2

(4)

4	4	4	4
4	4	4	4
4	4	4	4
4	4	4	4

(5)

2	2	2
2	2	3
2	3	4

(6)

2	2	2	2	2
2	2	2	2	2

(7)

1	2	3	4
1	2	3	4

(8)

4	2	2	4
3			2
1			3

(9)

1	5
2	4
3	3
4	2
5	1

Berechne die Anzahl der Würfel in jedem Körper.

Beispiel Nr. 10: 1 Stockwerk $4 \cdot 2 = 8$
7 Stockwerke $7 \cdot 8 = 56$

(12)

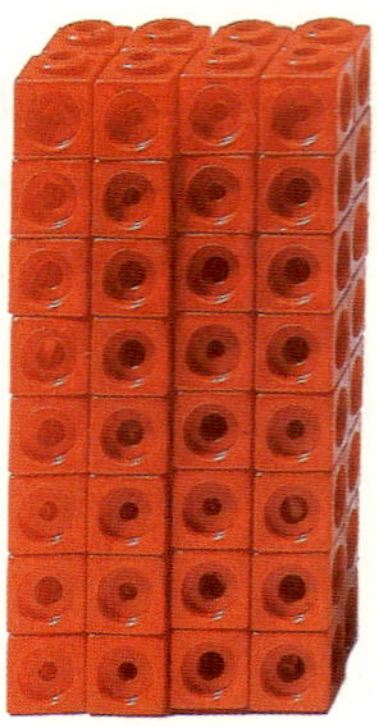

(10)

(11)

(15)

(16)

(14)

(13)

Exakt messen und genau zeichnen

① Miss an quaderförmigen Körpern die Kantenlängen auf mm genau.
Zeichne dann die verschiedenen Flächen möglichst genau in dein Heft.

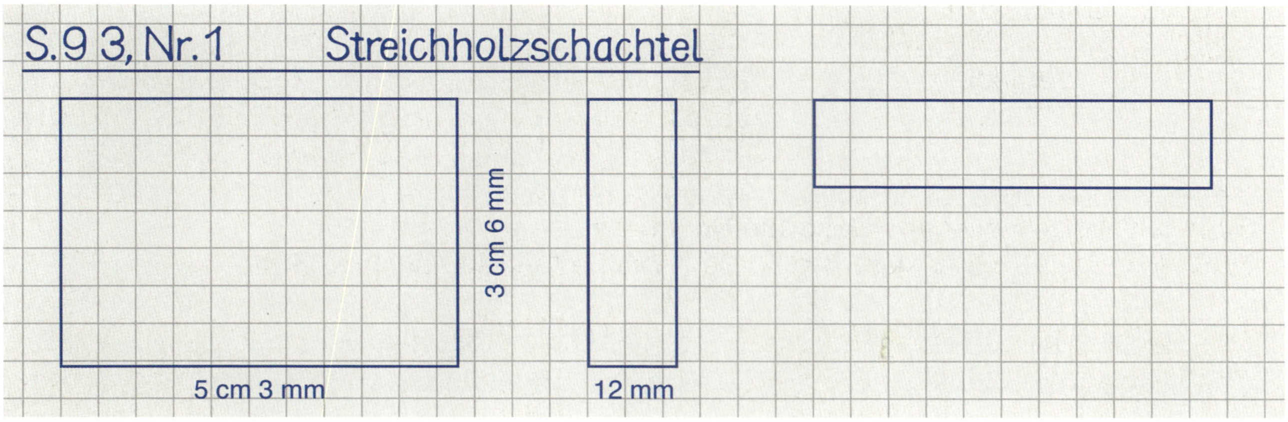

② Zeichne Netze der quaderförmigen Körper, schneide aus und falte zur Kontrolle.

③ Zeichne Flächen eines Würfels mit 4 cm Kantenlänge.

④ Zeichne ein Netz dieses Würfels, schneide aus und falte.

⑤ Zeichne quader- und würfelförmige Gegenstände freihand.

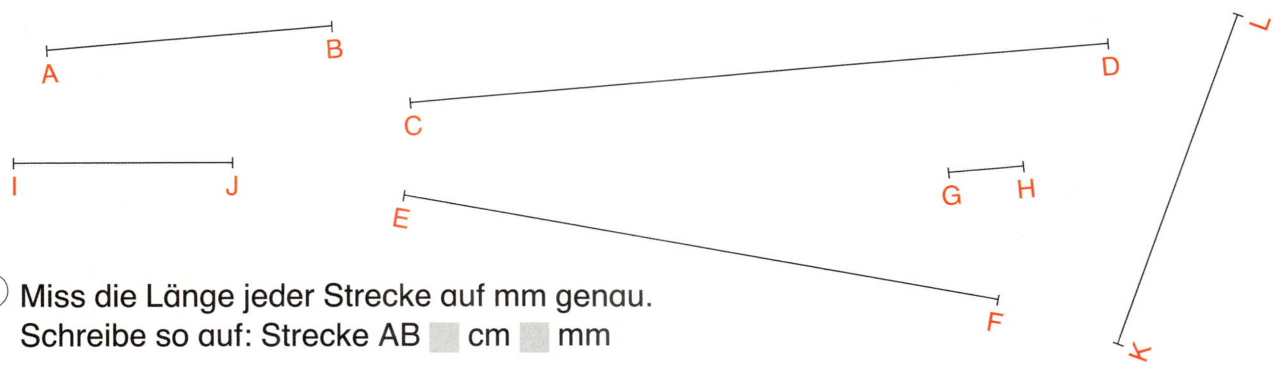

⑥ Miss die Länge jeder Strecke auf mm genau.
Schreibe so auf: Strecke AB ▢ cm ▢ mm

Zeichne Strecken.

⑦ 1 cm 7 mm	⑨ 3 cm 2 mm	⑪ 5 cm 9 mm	⑬ 10 cm 6 mm	⑮ 15 cm 5 mm
⑧ 2 cm 3 mm	⑩ 4 cm 8 mm	⑫ 8 cm 1 mm	⑭ 12 cm 0 mm	⑯ 16 cm 4 mm

⑰ Zeichne jeweils 2 Strecken.
a) Sie sollen sich schneiden. b) Sie sollen senkrecht aufeinander stehen.
c) Sie sollen parallel zueinander verlaufen.

Zeichne Rechtecke in dein Heft.

⑱ Länge 4 cm 5 mm	⑲ Länge 9 cm 6 mm	⑳ L 6 cm 2 mm	㉑ L 7 cm 7 mm
Breite 3 cm 7 mm	Breite 1 cm 2 mm	B 2 cm 9 mm	B 7 cm 7 mm

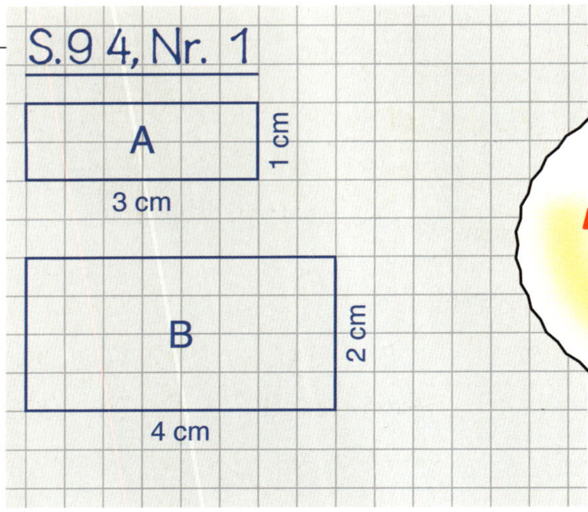

① Zeichne Rechteck A in dein Heft: Länge 3 cm, Breite 1 cm.

② Zeichne weitere 4 Rechtecke. Die Seiten von Rechteck A werden um 1 cm, 2 cm, 3 cm und 4 cm verlängert.

B: Länge 4 cm, Breite 2 cm
C: Länge 5 cm, Breite 3 cm
D: Länge 6 cm, Breite 4 cm
E: Länge 7 cm, Breite 5 cm

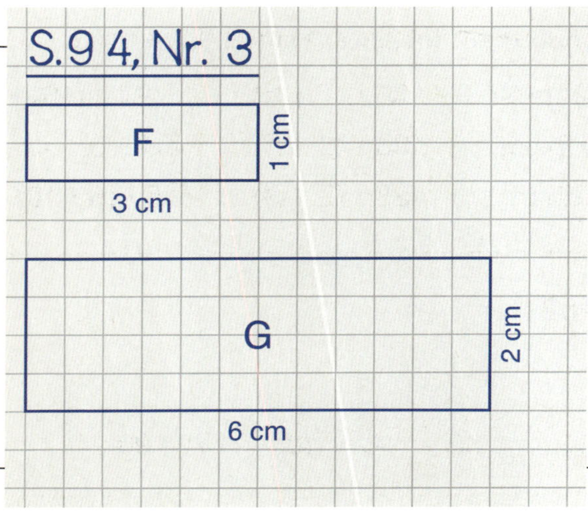

③ Zeichne die vier Rechtecke F, G, H und I. Multipliziere jeweils die Länge und die Breite des Rechteckes A mit 1, mit 2, mit 3 und mit 4.

④ Vergleiche die Rechtecke A bis E mit den Rechtecken F bis I.
Was fällt auf? Welche Rechtecke sind ähnlich? Warum?

Das Rechteck A enthält 12 Heftquadrate.

5 a) Stelle fest, wie viele Heftquadrate die Rechtecke B bis E jeweils enthalten.
b) Rechne aus, wie viele Heftquadrate Rechteck J (8 cm Länge, 6 cm Breite) und Rechteck K (10 cm Länge, 8 cm Breite) enthalten.
c) Findest du eine Regel, wie sich die Anzahl der Heftquadrate vergrößert, wenn du Länge und Breite jeweils um 1 cm verlängerst?

6 a) Stelle fest, wie viele Heftquadrate die Rechtecke F bis I jeweils enthalten.
b) Rechne aus, wie viele Heftquadrate Rechtecke enthalten, deren Seitenlängen 5-mal (6-mal) so lang sind wie die des Rechteckes F.
c) Findest du eine Regel, wie sich die Anzahl der Heftquadrate vergrößert, wenn du Länge und Breite jeweils mit 1, 2, 3 … multiplizierst?

Aufgaben mit verschiedenen Rechenarten

S.95, Nr. 1

(3 · 4) + 8 = 20 ✓

3 · (4 + 8) = 36 ✓

Aufgaben mit Klammern: Zuerst ausrechnen, was in den Klammern steht!

Setze Klammern an verschiedenen Stellen und rechne.

① 3 · 4 + 8	④ 9 · 7 – 7	⑦ 77 – 47 + 30	⑩ 64 – 24 : 8	⑬ 100 : 10 – 5
② 3 · 4 + 10	⑤ 100 – 46 + 9	⑧ 8 · 6 · 3	⑪ 40 – 6 · 3	⑭ 20 + 20 : 4
③ 9 + 4 · 3	⑥ 100 + 83 – 8	⑨ 27 + 3 · 3	⑫ 7 · 9 : 3	⑮ 56 : 8 – 1

S.95, Nr. 16

(12 – 3) · 3 = 27 ✓

12 – 3 · 3 = 3 ✓

Aufgaben ohne Klammern: Erst Punktrechnung (·) (:), dann Strichrechnung (+) (–).

Schreibe und rechne jede Aufgabe erst mit Klammern und dann ohne Klammern.

⑯ (12 – 3) · 3	⑲ 9 · (5 + 2)	㉒ (32 + 24) : 8	㉕ 70 : (7 + 3)	㉘ (34 + 46) + 15
⑰ (20 – 2) · 2	⑳ 3 · (20 + 50)	㉓ (18 + 72) : 9	㉖ 33 : (3 + 8)	㉙ (2 · 3) · 4
⑱ (100 – 20) · 2	㉑ 6 · (40 – 30)	㉔ (70 – 63) : 7	㉗ 28 : (7 – 3)	㉚ 5 · (6 · 10)

㉛ Wie heißt die Frage? Kannst du sie beantworten?

E	H	I	L	N	O	R	S	T	V	W
4	5	6	7	9	20	30	40	60	70	90

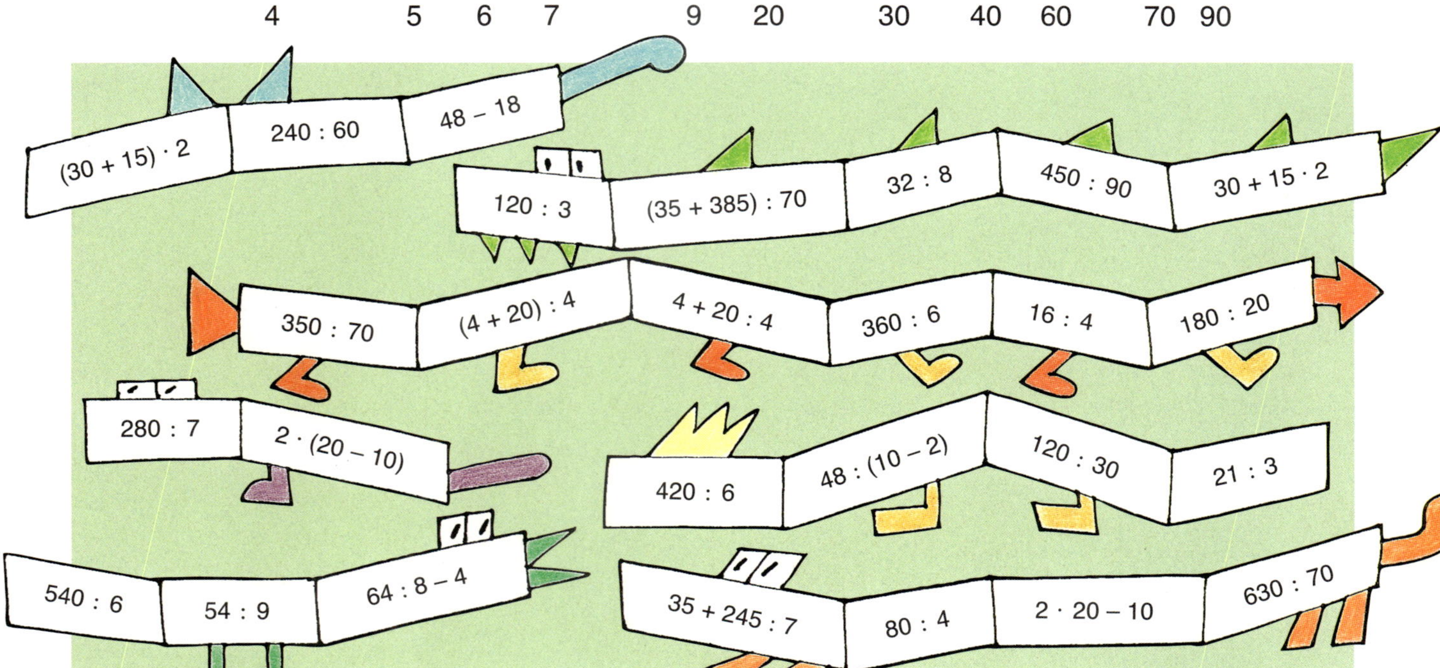

Antwort: Viele Spinnen

Wie viele Lösungen – Ungleichungen und Gleichungen

S.96, Nr. 1
□ = 0, 1, 2, 3, 4 ✓

0 1 2 3 4 5 6 7 8 9 10

Welche Zahlen passen?

(1) $258 + \blacksquare < 263$
(2) $315 + \blacksquare < 319$
(3) $\blacksquare + 121 < 122$
(4) $\blacksquare + 0 < 9$
(5) $999 - 994 > \blacksquare$
(6) $216 - 209 > \blacksquare$
(7) $\blacksquare < 177 - 173$
(8) $\blacksquare < 464 - 462$
(9) $60 \cdot \blacksquare < 240$
(10) $25 \cdot \blacksquare < 49$
(11) $\blacksquare < 3 \cdot 3$
(12) $\blacksquare < 4 \cdot 2$
(13) $24 : 3 > \blacksquare$
(14) $18 : 9 > \blacksquare$
(15) $\blacksquare < 100 : 100$
(16) $\blacksquare < 42 : 7$
(17) Erfinde selbst Ungleichungen.

$6 \cdot (3 + 4) = 42$
$3 \cdot 4 = 2 + a$
$\square = 563 - 500$
$48 : 12 = 4$
$5 \cdot 4 \cdot 3 \cdot 2 \cdot 1 \cdot 0 = \square$
$6 \cdot 3 + x = 22$
$100 - 50 : 10 = \square$
$(100 - 50) : 10 = 5$
$b = 1 + 2 + 3 + 4 + 5 + 6$

(18) Untersuche die Gleichungen. Was fällt auf?

Schreibe mit den angegebenen Zahlen jeweils mehrere Gleichungen.

(19) 4, 3, 12
(20) 4, 6, 10
(21) 3, 4, 6, 18
(22) 5, 10, 20, 30
(23) 3, 4, 6, 42
(24) 5, 10, 20, 35
(25) 4, 7, 12, $\blacksquare$
(26) 3, 16, 40, x

S.96, Nr. 27
□ = 6 ✓

(27) $26 + \blacksquare = 32$
(28) $270 + \blacksquare = 390$
(29) $\blacksquare + 90 = 450$
(30) $\blacksquare + 7 = 66$
(31) $72 - \blacksquare = 61$
(32) $67 - \blacksquare = 48$
(33) $\blacksquare - 90 = 530$
(34) $\blacksquare - 27 = 42$
(35) $\blacksquare \cdot 5 = 35$
(36) $\blacksquare \cdot 13 = 39$
(37) $9 \cdot \blacksquare = 63$
(38) $6 \cdot \blacksquare = 72$
(39) $18 : \blacksquare = 3$
(40) $42 : \blacksquare = 14$
(41) $\blacksquare : 8 = 4$
(42) $\blacksquare : 50 = 4$

(43) $\blacksquare = (200 - 120) : 10$
(44) $\blacksquare = 200 - 120 : 10$
(45) $180 : 6 = 100 - \blacksquare$
(46) $630 + 120 = \blacksquare - 50$
(47) $1\,000 : \blacksquare = 100 \cdot 5$
(48) $\blacksquare \cdot 85 = 510 : 3$

(49) Erfinde interessante Gleichungen.
(50) Wie unterscheiden sich Ungleichungen von Gleichungen?

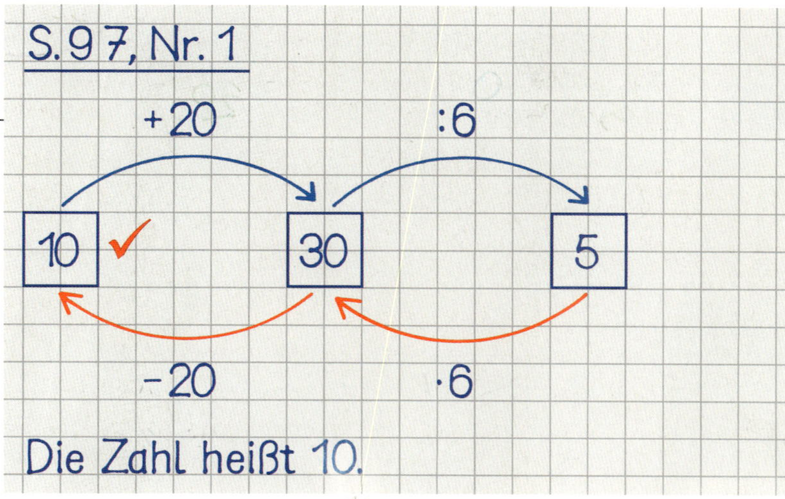

- addieren +
- subtrahieren −
- multiplizieren ·
- dividieren :

Wie heißt die Zahl?

① Jan denkt sich eine Zahl. Er addiert zuerst 20 und dividiert dann durch 6. Das Ergebnis heißt 5.

② Benni denkt sich eine Zahl. Er subtrahiert zuerst 50 und multipliziert dann mit 3. Das Ergebnis heißt 60.

③ Lisa denkt sich eine Zahl. Sie dividiert sie zuerst durch 8 und multipliziert dann mit 10. Das Ergebnis heißt 80.

④ Wenn man von einer Zahl 600 subtrahiert und dann 50 addiert, erhält man 350.

⑤ Die Lehrerin denkt sich eine Zahl. Sie addiert zuerst 35, dividiert dann durch 9 und subtrahiert zum Schluss 5. Das Ergebnis heißt 0.

⑥ Wenn man eine Zahl mit 5 multipliziert, dann durch 6 dividiert, erhält man 5.

⑦ Laura denkt sich Zahlen, addiert 16, dividiert durch 10 und erhält Zweierzahlen, die kleiner als 10 sind.

⑧ Enrico denkt sich eine Zahl zwischen 30 und 50. Er addiert 35, dividiert durch 2, dann durch 6 und erhält eine Zahl, die kleiner als 10 ist.

S. 97, Nr. 9

15 · 8 = 120   □ = 120 ✓

Löse jede Aufgabe mithilfe der Umkehraufgabe.

⑨ □ : 8 = 15	⑫ □ · 6 = 72	⑮ □ – 70 = 504	⑱ □ + 83 = 650
⑩ □ : 9 = 13	⑬ □ · 9 = 54	⑯ □ – 48 = 900	⑲ □ + 56 = 325
⑪ □ : 7 = 12	⑭ □ · 7 = 84	⑰ □ – 56 = 401	⑳ □ + 77 = 783

Löse mithilfe von Pfeilbildern.

21	□	: 5	· 9	+ 28	− 63	37
22	□	· 9	− 30	: 3	· 70	770
23	□	− 280	: 90	· 13	− 52	0
24	□	· 10	+ 32	+ 70	: 8	104
25	□	+ 70	· 2	: 7	· 9	180
26	□	: 4	+ 700	− 140	: 9	90

Rechenfehler entdecken – Rechenfehler vermeiden

Ⓐ
$$\begin{array}{r} 312 \\ +\ \ 95 \\ +\ 172 \\ \hline 479 \end{array}$$

Ⓑ $270 : 9 = 30$

Ⓒ $5 \cdot 79 = 445$

400 / 45

Ⓓ $450 : 6 = 85$

$420 : 6 = 80$

$30 : 6 = 5$

Ⓔ $410 - 235 = 185$

210 / 180 / 185

Ⓕ
$$\begin{array}{r} \overset{8}{9}00 \\ -\ 673 \\ \hline 237 \end{array}$$

Ⓖ $640 : 80 = 80$

Ⓗ
$$\begin{array}{r} 304 \\ -\ 279 \\ \hline 583 \end{array}$$

Ⓘ
$$\begin{array}{r} 67 \\ +\ 208 \\ +\ 352 \\ \hline 517 \end{array}$$

Ⓙ
$$\begin{array}{r} 768 \\ -\ 536 \\ \hline 32 \end{array}$$

Ⓚ $900 - 673 = 230$

300 / 230

Ⓛ $597 + 40 = 627$

① Überprüfe mit deinem Partner die 12 Rechnungen. Welche Fehler wurden gemacht?

② Die Fehler hätten vermieden werden können, wenn die Kontrolle gemacht worden wäre. Führe zu jeder der 12 Aufgaben eine geeignete Kontrollrechnung durch.

Fehler vermeiden

- Aufgaben übersichtlich darstellen!
- Ziffern sorgfältig schreiben!
- Nicht überstürzt losrechnen!
- Kleines 1 + 1 und 1 · 1 beherrschen!
- Überschlagen! (Kann das stimmen?)
- Kontrollieren!

Welche Ergebnisse können stimmen, welche nicht? Überprüfe zuerst mit dem Überschlag. Rechne und kontrolliere erst dann genau.

③ 399 + 450 = 729

④ 502 + 299 = 801

⑤ 635 – 317 = 318

⑥ 507 – 230 = 197

⑦ 216 + 497 = 653

⑧ 426 + 180 = 606

⑨ 920 – 860 = 240

⑩ 822 – 770 = 362

⑪ 7,95 € · 4 = 28,80 €

⑫ 0,99 € · 3 = 2,97 €

⑬ 7,20 € : 6 = 0,85 €

⑭ 6,40 € : 4 = 1,60 €

⑮ 1,99 € · 2 = 4,18 €

⑯ 25,90 € · 3 = 65,70 €

⑰ 3,27 € : 3 = 0,99 €

⑱ 6,50 € : 5 = 2,10 €

Briefe und Pakete

① Besorgt euch eine aktuelle Preisliste der Deutschen Post und untersucht, wie viel der Versand von Briefen und Paketen in Deutschland (National) zur Zeit kostet.

② Wie viel kosten die Briefmarken für die abgebildeten Briefe?

Wie viel kostet es? Wie viel bekommst du zurück?

③ 7 Briefe (300 g), 1 Paket (13 kg), bezahlt mit 50 €.

④ 3 Briefe (80 g), 1 Paket (7 kg), bezahlt mit 50 €.

⑤ 3 Briefe (35 g), 1 Paket (19 kg), bezahlt mit 50 €.

⑥ 7 Briefe (380 g), 1 Paket (15 kg), bezahlt mit 100 €.

⑦ Erfinde selbst weitere Aufgaben.

⑧ Zeichne für jede der vier Briefarten ein Rechteck mit den angegebenen Höchstmaßen (L = Länge, B = Breite).

⑨ Zeichne in die Rechtecke der vier Briefarten jeweils ein Rechteck mit den Mindestmaßen ein. Vergleiche.

⑩ Marcel hat eine Streichholzschachtel schön verziert. Er möchte sie seinem Opa zum Geburtstag schenken. Wie viel muss er für den Versand des Briefes mindestens bezahlen?

Standardbrief ☐ €
Mindestmaße: L 140 mm, B 90 mm
Höchstmaße: L 235 mm, B 125 mm, H 5 mm
Gewicht bis 20 g

Kompaktbrief ☐ €
Mindestmaße: L 100 mm, B 70 mm
Höchstmaße: L 235 mm, B 125 mm, H 10 mm
Gewicht bis 50 g

Großbrief ☐ €
Mindestmaße: L 100 mm, B 70 mm
Höchstmaße (B4): L 353 mm, B 250 mm, H 20 mm
Gewicht bis 500 g

Maxibrief ☐ €
Mindestmaße: L 100 mm, B 70 mm
Höchstmaße (B4): L 353 mm, B 250 mm, H 50 mm
Gewicht bis 1 000 g

Post-Paket		
	bis 2 kg	€
	über 2 bis 4 kg	€
	über 4 bis 6 kg	€
	über 6 bis 8 kg	€
	über 8 bis 10 kg	€
	über 10 bis 12 kg	€
	über 12 bis 14 kg	€
	über 14 bis 16 kg	€
	über 16 bis 18 kg	€
	über 18 bis 20 kg	€

Autobahnen verbinden große Städte

1. Zeige die sechs größten deutschen Städte: Berlin, Hamburg, München, Köln, Frankfurt am Main, Essen.

2. Zeige Autobahnstrecken, die du mit deinen Eltern schon gefahren bist.

3. Suche verschiedene Strecken von Berlin nach Kassel und berechne die Entfernungen.

4. Suche verschiedene Strecken von Kassel nach Nürnberg und berechne die Entfernungen.

5. Berechne die Entfernungen (kürzeste Verbindung):
   a) Stuttgart – Würzburg
   b) Dortmund – Erfurt
   c) Hannover – Hamburg
   d) Berlin – Warschau
   e) München – Würzburg
   f) Rostock – Schwerin
   g) Trier – Köln
   h) Magdeburg – Kassel
   i) Freiburg – Mannheim
   j) Ulm – Wien

6. Wo könnten diese Schilder stehen?

Überlege zu jeder Aufgabe mehrere Fragen. Rechne dann.

7. Frau Lutz fährt um 6.40 Uhr in München los.
Kilometerzähler: 1 139
Um 9.05 Uhr ist sie am Ziel.
Kilometerzähler: 1 368

8. Herr Scholz reist in 3 Städte.
Er startet in Hamburg am 15. Juni.
1. Tag: Berlin, 2. Tag: Halle, 3. Tag: Kassel,
4. Tag: auf dem kürzesten Weg zurück.
Benzin: 120 €, Übernachtungen: 179 €,
Essen und Trinken: 98 €.

9. Trage die fehlenden Entfernungen in die Tabelle ein.
Beginne mit den weißen Feldern. Fülle dann die gelben, danach die grünen Felder aus.
Verwende für die roten Felder einen Taschenrechner.

	Frankfurt (Main)	Hamburg	München	Hannover	Dresden
Berlin	556 km				
Stuttgart					
Kassel					
Köln			552 km		
Freiburg					682 km
Rostock					

① 95 : 5
② 68 : 4
③ 98 : 7

④ 120 : 8
⑤ 117 : 9
⑥ 114 : 6

⑦ 210 : 70
⑧ 360 : 60
⑨ 720 : 90

⑩ 3 · 1,99 €
⑪ 5 · 5,26 €
⑫ 6 · 3,85 €

⑬ 4,50 € : 9
⑭ 6,40 € : 8
⑮ 3,50 € : 7

⑯ Maria denkt sich eine Zahl. Sie dividiert durch 8, multipliziert mit 5 und addiert 65. Sie erhält 100. Wie heißt die Zahl?

⑰ Wenn man zu einer Zahl 59 addiert, dann mit 5 multipliziert und zum Schluss 299 subtrahiert, erhält man 1. Wie heißt die Zahl?

⑱ Eine Zahl ist 67 kleiner als das Doppelte von 350. Wie heißt die Zahl?

⑲ Frau Wild fährt am 1. Tag 279 km, am 2. Tag 307 km und am 3. Tag 314 km. Ihr Auto verbraucht auf 100 km 6 Liter Dieselkraftstoff. Frau Wild bezahlt für 1 Liter Dieselkraftstoff 1 €. Wie hoch sind die Kosten für den Kraftstoff?

[20] Wie heißen die Körper? Wie viele Flächen, Ecken, Kanten?

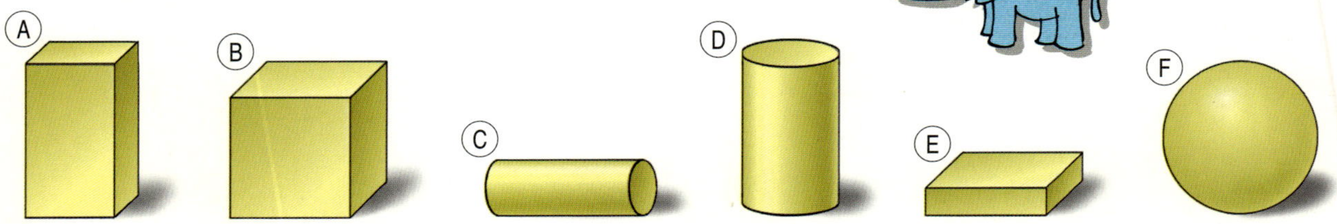

[21] Wie viele Würfel? Welcher Bauplan passt?

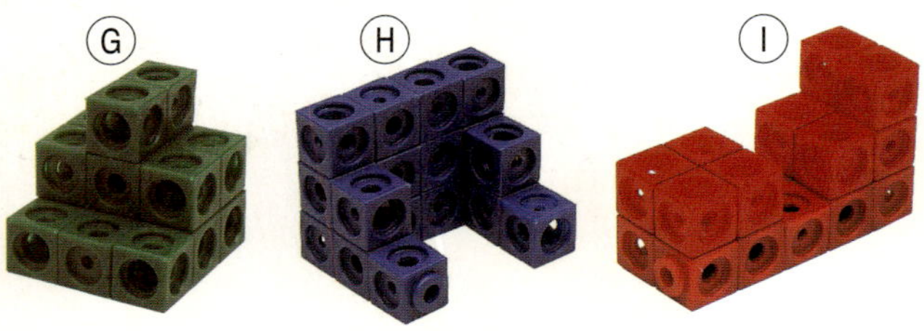

a)

1	2	2
1	3	3
1	2	2

b)

2	2	1	2	3
2	2	1	2	3

c)

3	3	3	3
2			2
1			1

㉒ □ : 7 = 56
㉓ □ · 40 = 360

㉔ □ – 80 = 620
㉕ □ + 65 = 450

㉖ 63 : □ = 9
㉗ 960 – □ = 899

㉘ 49 : 7 > □
㉙ 40 · □ < 200

㉚ 356 – 354 > □
㉛ 748 + □ < 757

Vergiss die Kontrolle nicht.

㉜ 641 – 468
㉝ 513 – 376
㉞ 925 – 878

㉟ 216 + 345
㊱ 388 + 489
㊲ 436 + 265

㊳ 5,19 € – 85 ct
㊴ 0,66 € + 79 ct
㊵ 9,12 € – 99 ct

㊶ 68 cm + 6,59 m
㊷ 722 cm – 5,89 m
㊸ 5,80 m – 495 cm

[44] Welche Summe stimmt? Rechne im Kopf.

7,99 €
5,49 €
18,00 €
9,99 €

a) 39,47 €
b) 49,47 €
c) 41,47 €

390,– €
299,– €
89,– €
118,– €

d) 796,– €
e) 896,– €
f) 996,– €

Aufgaben erfinden

(1)

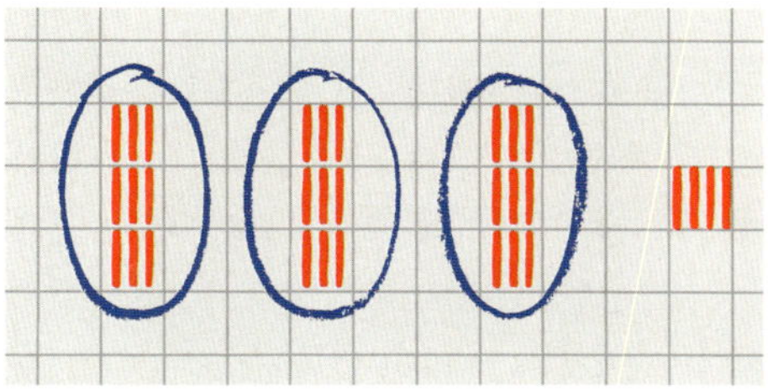

(2)

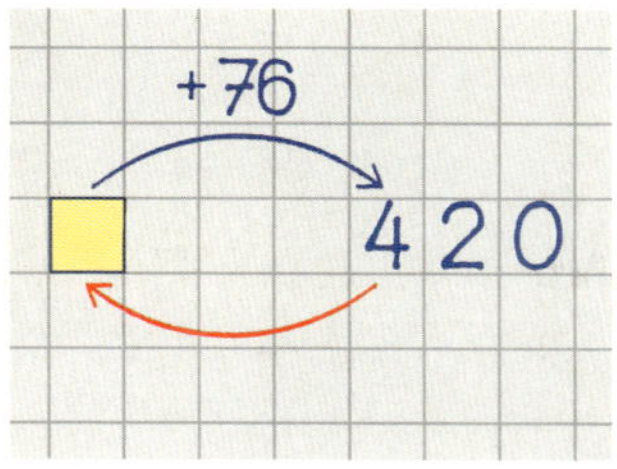

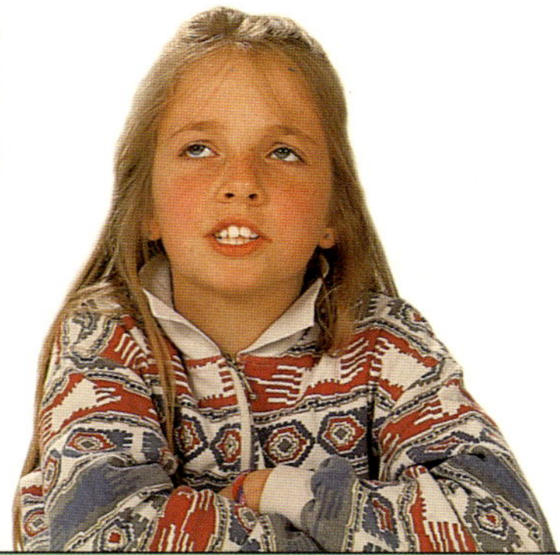

(3)

37,50 € → ? → 100,00 €

(4)

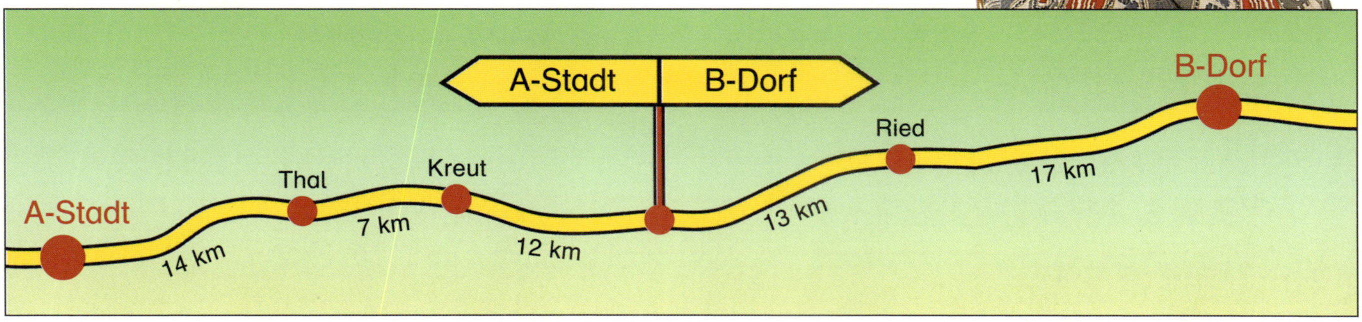

(5)

15,90 € → 29,00 € → ?

(6)

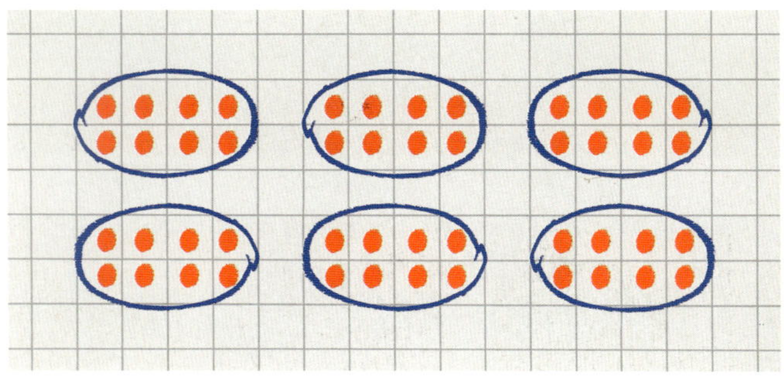

(7)

Anzahl der Nägel	10	50	30	100	1
Gewicht	40 g				

(8)

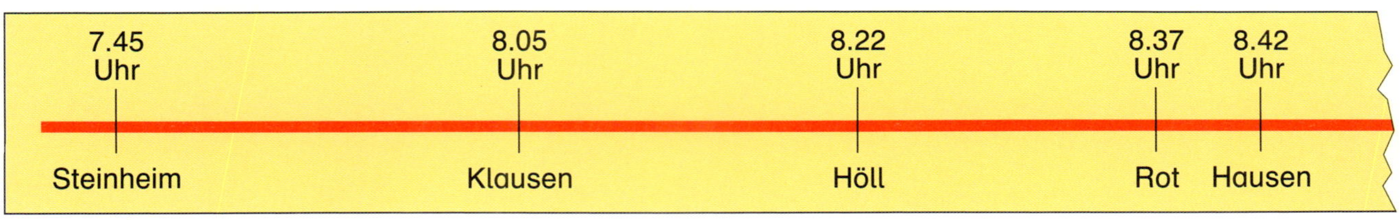

(9)

Länge der Mauer	Anzahl der Steine
5 m	80
10 m	
1 m	
50 m	

(10)

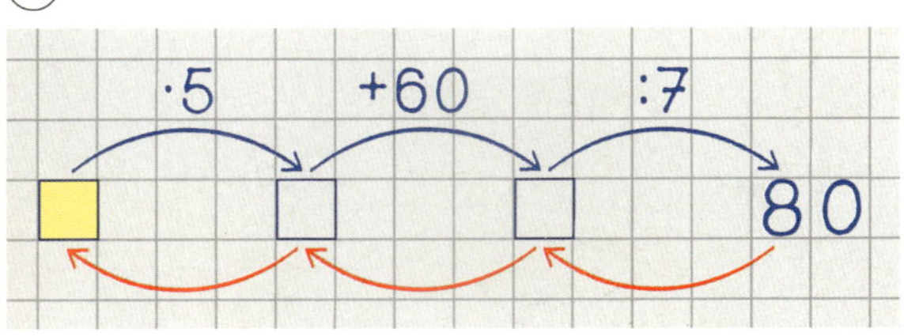

(11)

□ € + □ € < 100 €

(12)

32 kg	30 kg	33 kg	?
130 kg			

Große Gewichte

1 000 kg = 1 Tonne	1 000 kg = 1 t	500 kg = eine halbe Tonne

① Ordnet den Bildern a bis d die passenden Gewichtsangaben zu.
1 t, 10 t, 100 t, 1 000 t.

② Schüler der dritten Klasse wiegen etwa 30 kg.
Wie viele Kinder wiegen zusammen eine halbe Tonne und 1 Tonne? (Tabelle)

③ Ein mit 10 Litern Wasser gefüllter Eimer wiegt rund 10 kg.
Wie viele Eimer wiegen zusammen 250 kg, 500 kg und 1 Tonne?

④ Ein Sack Zement wiegt 50 kg.
Wie viele Säcke wiegen zusammen eine halbe Tonne und 1 Tonne?

⑤ Ein mit Sand gefüllter Eimer wiegt etwa 20 kg.
Wie viele Eimer muss man schleppen, wenn man 100 kg, 500 kg und 1 Tonne transportieren will? (Tabelle)

⑥ Wie viel wiegen alle Kinder deiner Klasse zusammen? Rechne mit gerundeten Zahlen.
Wie viel Kilogramm fehlen zu 1 Tonne?

 Weitere Übungsaufgaben auf Seite 128.

① Wie viel wiegt der Pkw mit den Personen und dem Gepäck?

Leergewicht 1 200 kg — Zuladung 400 kg — Gesamtgewicht ____ kg

2 Berechne das Gesamtgewicht. Schreibe als kg.

	BMW 520 i	Renault Twingo	Fiat Panda	Opel Corsa	Mercedes C 200
Leergewicht	1 t 545 kg	890 kg	715 kg	976 kg	1 t 365 kg
Zuladung	435 kg	305 kg	435 kg	394 kg	480 kg
Gesamtgewicht					

3 Berechne das Leergewicht oder die Zuladung. Schreibe als kg.

	VW Polo	Volvo 540	Porsche 911	Ford Ka	Honda Logo
Leergewicht				965 kg	940 kg
Zuladung	420 kg	410 kg	400 kg		
Gesamtgewicht	1 t 375 kg	1 t 750 kg	1 t 720 kg	1 t 265 kg	1 t 365 kg

④ In einer Lagerhalle stehen Fässer, große Kisten und kleine Kisten. Herr Hoch darf seinen Transporter höchstens mit einer Tonne beladen. Bei jeder Fahrt belädt Herr Hoch seinen Transporter möglichst schwer.

a) Er nimmt von jeder Art mindestens 2 mit.

b) Er nimmt nur Kisten mit.

c) Er nimmt von jeder Art gleich viele mit.

d) Er stellt seine Ladung aus Fässern zu 90 kg und aus Kisten zu 80 kg zusammen.

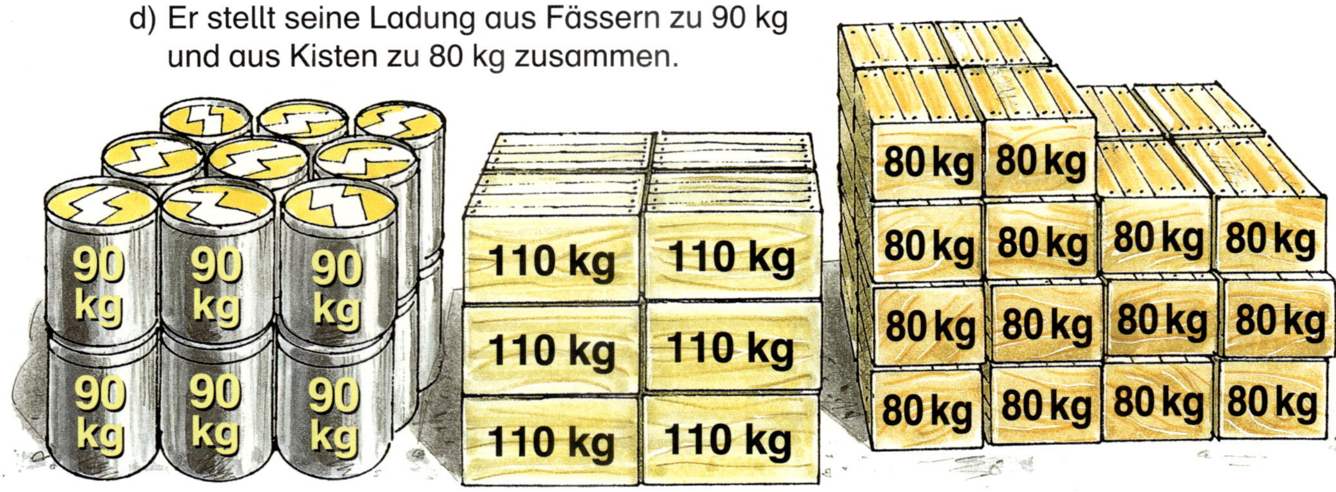

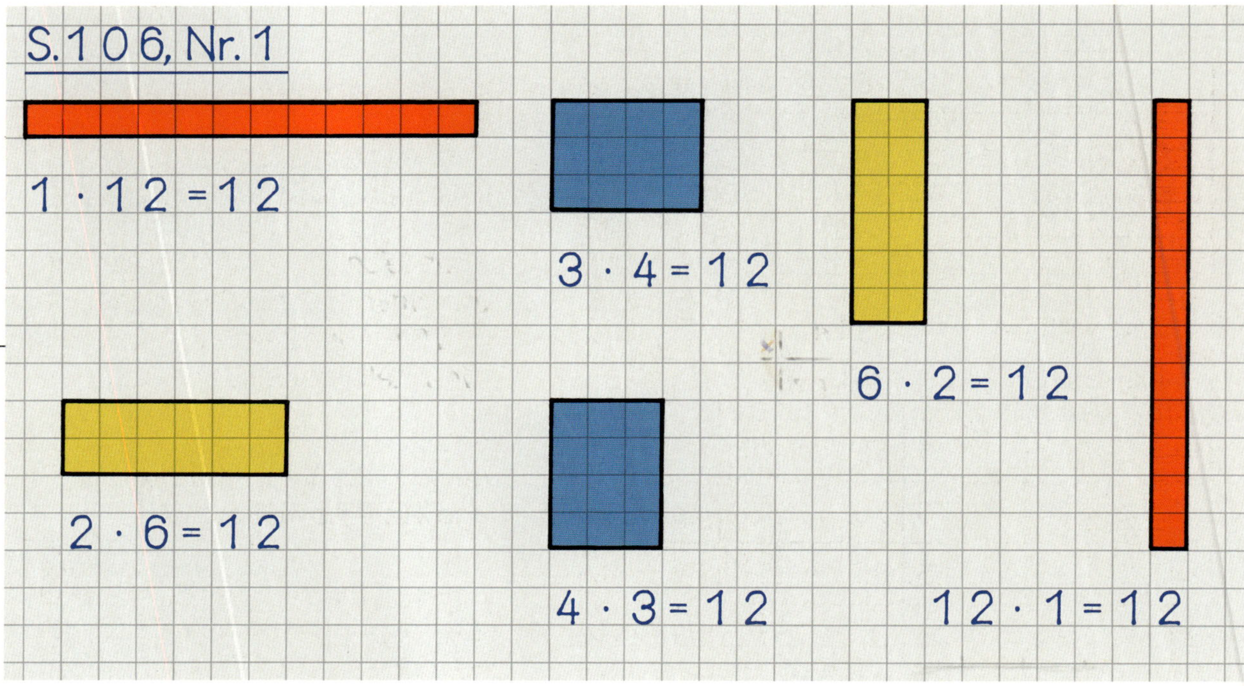

Zeichne zu jeder Zahl alle Rechtecke und schreibe die Malaufgabe dazu.
Wie heißt die Regel für das Färben der Rechtecke?

① 12 (6 Rechtecke)	③ 6 (4 Rechtecke)	⑤ 15	⑦ 7	⑨ 16	⑪ 14
② 10 (4 Rechtecke)	④ 8 (4 Rechtecke)	⑥ 20	⑧ 9	⑩ 24	⑫ 19

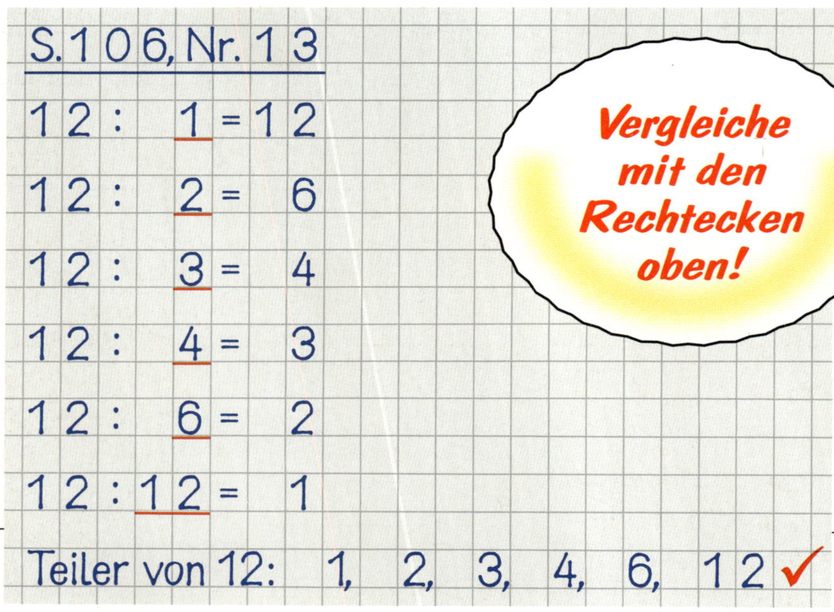

Schreibe jeweils alle Teiler auf.

⑬ Teiler von 12 (6 Teiler)	⑰ Teiler von 15	㉑ Teiler von 16
⑭ Teiler von 10 (4 Teiler)	⑱ Teiler von 20	㉒ Teiler von 24
⑮ Teiler von 6 (4 Teiler)	⑲ Teiler von 7	㉓ Teiler von 14
⑯ Teiler von 8 (4 Teiler)	⑳ Teiler von 9	㉔ Teiler von 19

1	2	3	4	5	6	7	8	9	10
11	12	13	14	15	16	17	18	19	20
21	22	23	24	25	26	27	28	29	30
31	32	33	34	35	36	37	38	39	40
41	42	43	44	45	46	47	48	49	50
51	52	53	54	55	56	57	58	59	60
61	62	63	64	65	66	67	68	69	70
71	72	73	74	75	76	77	78	79	80
81	82	83	84	85	86	87	88	89	90
91	92	93	94	95	96	97	98	99	100

① In dem Hunderterquadrat sind die Vielfachen von 2, 4 und 8 gekennzeichnet. Untersuche. Was kannst du alles feststellen?

② Kennzeichne in einem Hunderterquadrat die Vielfachen von 3, 6 und 9 wie im Beispiel. Was stellst du fest?

③ Kennzeichne in einem Hunderterquadrat die Vielfachen von 5, 7 und 10. Was fällt auf?

④ **Rätsel:**
Ich bin eine Zahl aus diesem Hunderterquadrat und bin Vielfaches von 1, 2, 3, 4, 5 und 6. Wie heiße ich?

⑤ Bilde Sätze. Jedes Vielfache von ... ist auch Vielfaches von ... Es gibt Vielfache von ..., die auch Vielfaches von ... sind.

⑥ Übertrage in dein Heft (Heft quer) und kreuze jeweils an.

	1	2	3	4	5	6	7	8	9	10	11	12	13	14	15	16	17	18	19	20	21	22	23	24	25	26	27
1 ist Teiler von	X	X																									
2 ist Teiler von																											
4 ist Teiler von																											
8 ist Teiler von																											
3 ist Teiler von																											
6 ist Teiler von																											
9 ist Teiler von																											

⑦ Der griechische Gelehrte Eratosthenes dachte vor mehr als 2 200 Jahren viel über Zahlen und ihre Eigenschaften nach. Dabei erfand er das so genannte „Sieb des Eratosthenes“.
Bei den Zahlen von 1 bis 100 ließ er die Zahl 1 weg, kennzeichnete die Zahlen 2, 3, 5 und 7 und ließ alle Vielfachen dieser Zahlen „durchs Sieb fallen“.

Welche gemeinsamen Eigenschaften haben die Zahlen 2, 3, 5 und 7 sowie alle anderen Zahlen, die „im Sieb zurückblieben“?

Mithilfe des Hunderterquadrates kannst du diese Zahlen leicht finden.

- ist größer als
- ist der fünfte Teil von
- kann man dividieren durch
- hat die gleiche Einerzahl wie
- ist das Doppelte von
- ist kleiner als
- ist um 10 größer als
- ist der dritte Teil von
- ist die Hälfte von
- ist das Dreifache von

S. 108, Nr. 1
7 ist die Hälfte von 14. 7 ist kleiner als 14.

Welche der zehn Vorschriften passen?

① 7 → 14 (2 Sätze)
② 6 → 18 (2 Sätze)
③ 18 → 8 (3 Sätze)
④ 8 → 24 (2 Sätze)
⑤ 27 → 9 (3 Sätze)
⑥ 15 → 5 (5 Sätze)
⑦ 8 → 4 (3 Sätze)
⑧ 6 → 30 (2 Sätze)
⑨ 8 → 16 (2 Sätze)

1 2 3 4 5 6 7 8 9
10 11 12 13 14 15 16 17 18

Suche die Zahlen heraus, die man dividieren kann ...

⑩ durch 1
⑪ durch 2
⑫ durch 4
⑬ durch 8
⑭ durch 3
⑮ durch 6
⑯ durch 9
⑰ durch 7
⑱ durch 5
⑲ durch 10

Strich-Zahlen-Code:

	1	2	3	4	5	6	7	8	9	10	11	12	13
|	A	B	C	D	E	F	G	H	I	J	K	L	M
||	N	O	P	Q	R	S	T	U	V	W	X	Y	Z

① Entschlüssele die geheime Botschaft.

② Schreibe selbst Botschaften mit dem Strich-Zahlen-Code.

③ Erfinde eigene Codes und verschlüssele damit deine Botschaften.

E−E=B A−A=B D+D+D+D=E A+A=E

E−C=D D·E=E E−B=E A+D=C

④ Jeder der Buchstaben A, B, C, D und E steht für eine der Zahlen 0, 1, 2, 3 oder 4. Schreibe die Gleichungen mit Zahlen auf.

⑤ Erfinde selbst solche Gleichungen mit Buchstaben.

Wir brauchen viel Wasser

Gruppenarbeit

① Besorgt 5 Gefäße und ordnet sie nach ihrem Fassungsvermögen.

② Überprüft durch Umfüllen, ob ihr richtig geordnet habt.

3 Messt, wie viel Wasser die einzelnen Gefäße fassen können.
Verwendet einen Jogurtbecher als Messgerät.
Tragt die Ergebnisse in eine Tabelle ein.

	Dose	

4 Stellt das Fassungsvermögen der abgebildeten Gefäße fest.
Maßeinheiten:
Liter (l), Halbliter ($\frac{1}{2}$ l), Viertelliter ($\frac{1}{4}$ l).

1 l	1				
$\frac{1}{2}$ l	oder 2	oder	oder	oder	oder
$\frac{1}{4}$ l	oder 4	oder	oder	oder	oder

⑤ Untersucht einen Messbecher. Was fällt auf?

6 Ordne den Gefäßen die passenden Literangaben zu.
Gefäße: Kleine Kakaoflasche, Wassereimer, Badewanne, Öltank, Bierflasche, große Milchflasche.
Literangaben: Viertelliter ($\frac{1}{4}$ l), Halbliter ($\frac{1}{2}$ l), Liter (1 l), 10 Liter, 100 Liter, 1 000 Liter.

① Den Bildern kannst du den durchschnittlichen Wasserverbrauch pro Tag für eine Person entnehmen.
Warum sind für das Autowaschen nur 4 l angegeben?

Anzahl der Personen	Putzen	Waschen	Baden, Duschen	Wäsche waschen	Geschirr spülen	Kochen, Trinken	WC	Auto waschen	Insgesamt
1	8 l								
2									
3									

2 Zeichne eine Tabelle und berechne den täglichen Wasserverbrauch der Familie Saubermann (5 Personen).

3 Berechne mithilfe einer Tabelle den Wasserverbrauch einer Person für 7 Tage, 10 Tage und 30 Tage (1 Monat).

4 In Waldstadt kostet das Wasser, das eine Person in einer Woche verbraucht, rund 4 €. Berechne die Wasserkosten für ein Jahr (52 Wochen).

5 Vergleiche zu Hause das Ergebnis von Aufgabe 4 mit der Wasserrechnung deiner Familie.

Punkte und Figuren im Gitter

① Gib bei jedem der 6 Bilder die Lage der Eckpunkte an.
Beispiel: a) A 2, B 2, D 4 ...

② Übertrage die Bilder in dein Heft.

a)

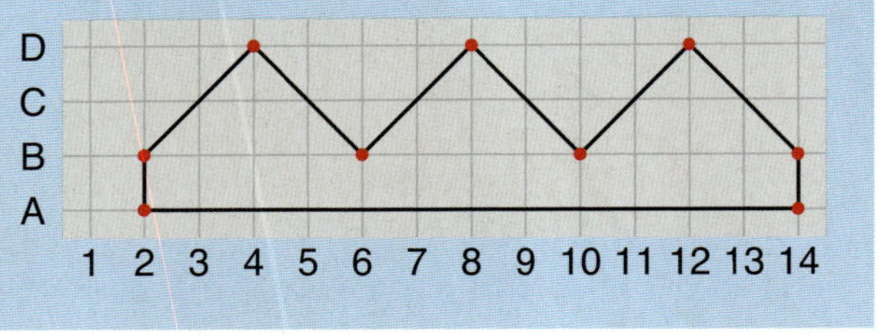

b)

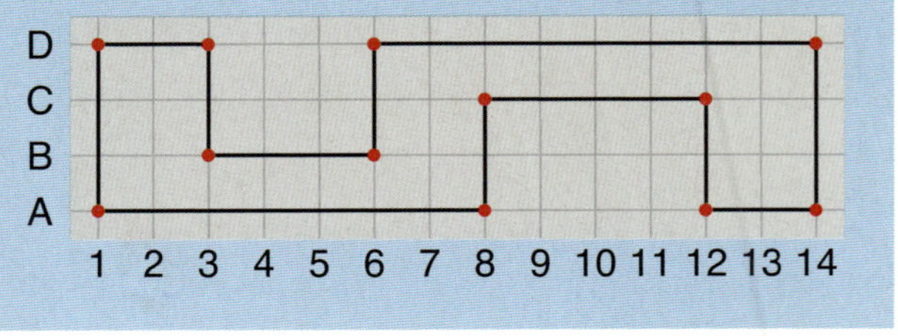

c)

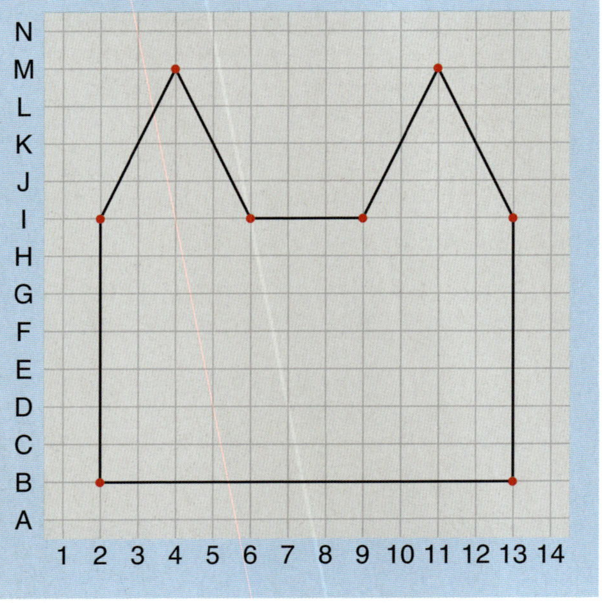

d)

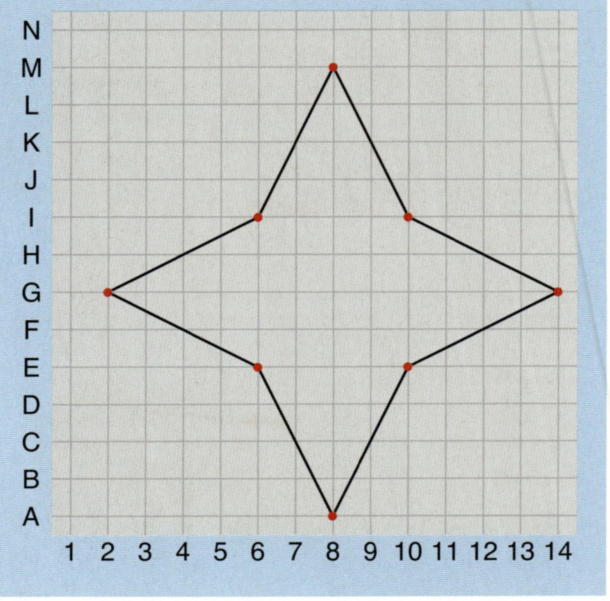

e)

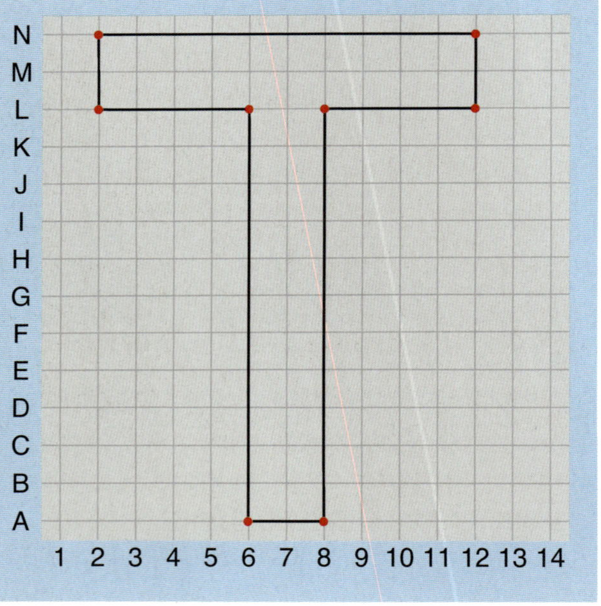

f)

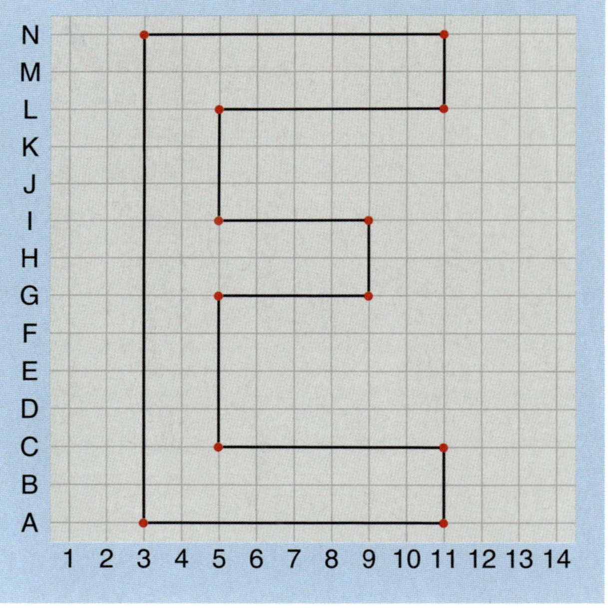

Zeichne die Punkte in ein Quadratgitter.
Verbinde die Punkte dann in der angegebenen Reihenfolge.

3 A 2, M 2, M 4, C 4, C 9, A 9, A 2

4 H 2, N 8, H 14, H 9, A 9, A 7, H 7, H 2

5 B 5, E 2, I 2, L 5, L 9, I 12, E 12, B 9, B 5

6 A 3, F 3, I 5, I 9, L 9, N 11, L 13, A 13, A 3

Orientieren im Stadtplan

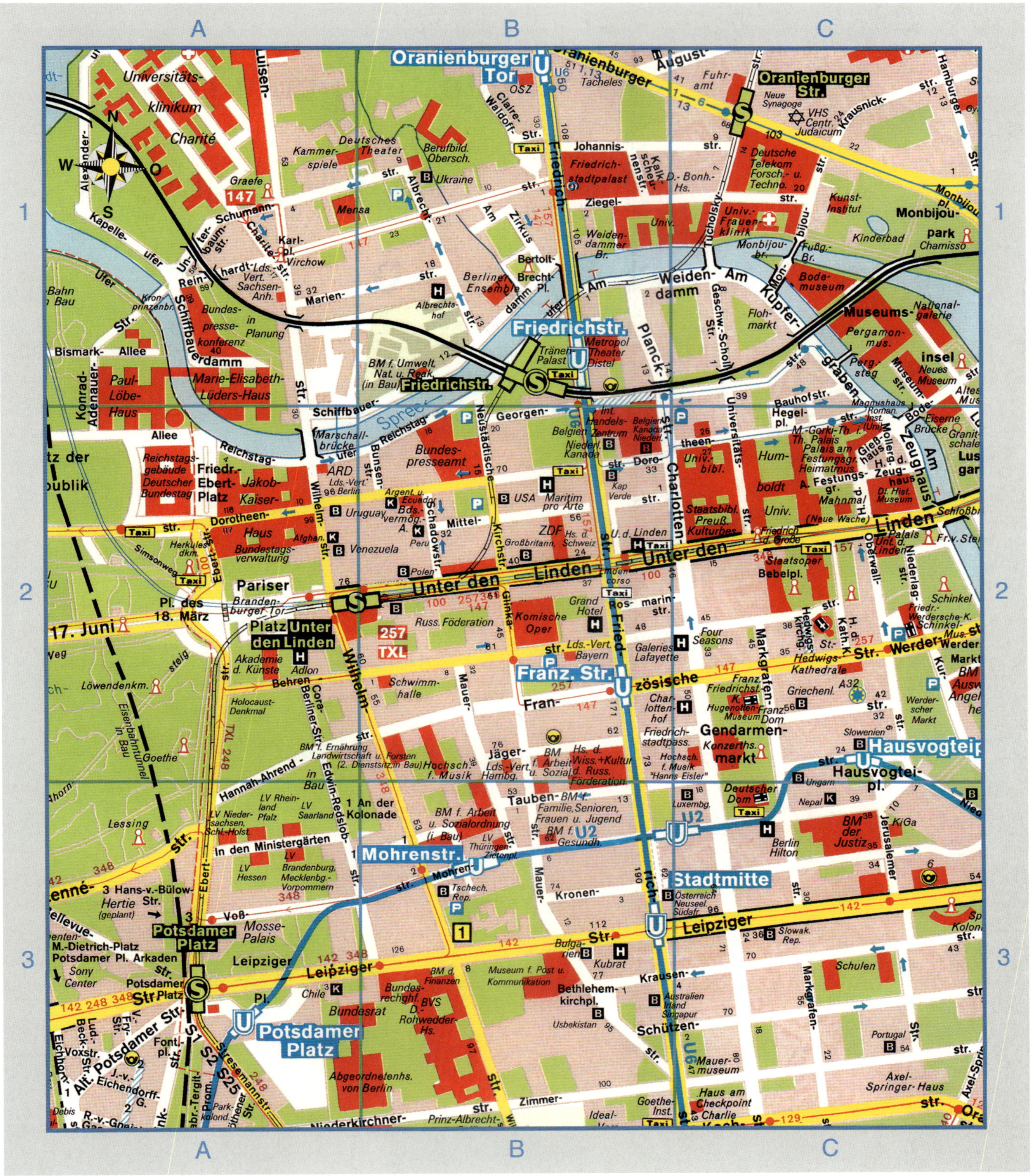

① In welchem Planquadrat findest du

a) das Reichstagsgebäude,
b) den Potsdamer Platz,
c) das Universitätsklinikum Charité,
d) die Komische Oper,
e) das Bodemuseum,
f) das Museum für Post und Kommunikation,
g) die Humboldt-Universität,
h) den Friedrichstadtpalast,
i) die U-Bahnstation Mohrenstraße?

② Schreibe einige Straßen auf, die über folgende Planquadrate führen:

a) **A 1** b) **B 1** c) **C 1** d) **B 3** e) **C 2** f) **A 3** g) **B 2** h) **A 2** i) **C 3**

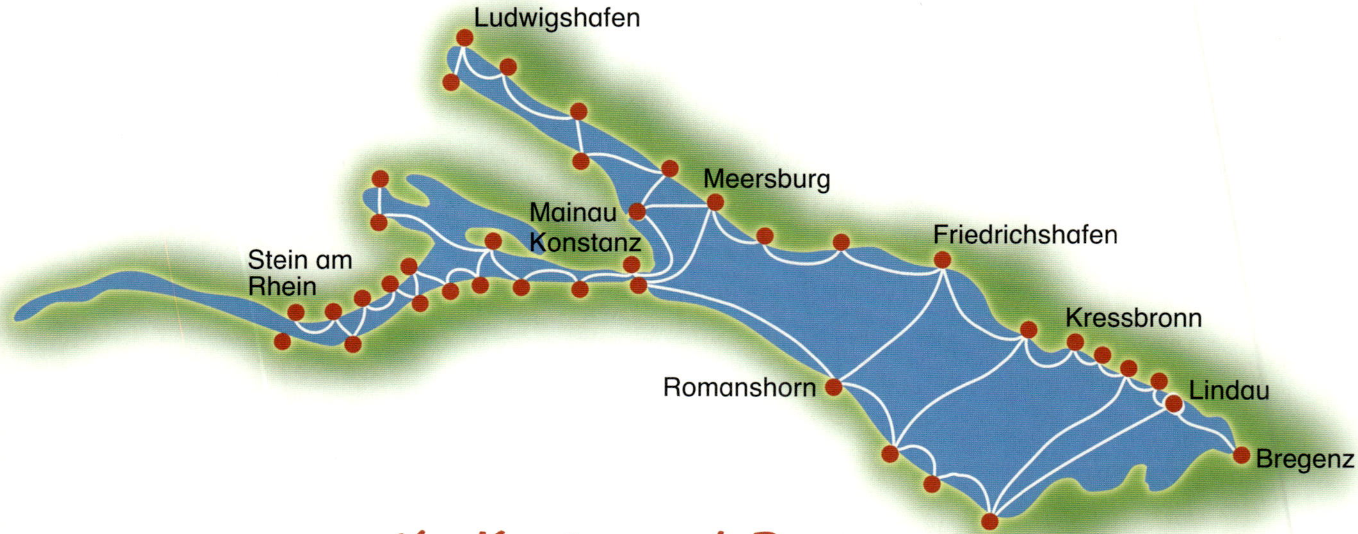

Von Konstanz nach Bregenz

Konstanz Meersburg an	8.15 8.45	9.26 9.56	10.35 11.05	13.20 13.50	14.45 15.15	16.05 16.35	16.15 16.45	18.35 19.05
Meersburg Friedrichshafen an	8.46 9.48	10.02 11.07	11.13 12.18	13.55 15.00	15.20 16.20	16.43 17.48	17.25 18.30	19.15 20.20
Friedrichshafen Kressbronn Lindau an	10.00 10.45 11.36	11.21 12.06 12.44	12.23 13.08 13.48	15.05 15.50 16.40	16.25 17.10 17.55	17.55 18.40 19.30	18.35 19.20 20.10	
Lindau Bregenz an	11.41 12.02	12.51 13.13	13.53 14.15	16.48 17.10	18.00 18.22	19.35 19.57	20.13 20.35	

Fotografiert von Franz Bucher

Von Bregenz nach Konstanz

Bregenz Lindau an	8.05 8.27	9.20 9.42	10.20 10.42	11.25 11.47	12.25 12.47	14.35 14.57	15.35 15.57	17.25 17.47
Lindau Kressbronn Friedrichshafen an	8.29 9.04 9.49	9.47 10.27 11.12	10.47 11.32 12.17	11.52 | 13.02	12.52 13.32 14.17	15.05 15.55 16.40	16.04 16.44 17.29	17.52 18.42 19.27
Friedrichshafen Meersburg an	9.58 10.58	11.22 12.23	12.22 13.22		14.22 15.23	16.45 17.46	17.34 18.35	19.30 20.30
Meersburg Konstanz an	11.10 11.40		13.27 14.22		15.32 16.02	17.55 18.25	18.44 19.14	20.33 21.03

Kinder von 6 bis 15 Jahren bezahlen den halben Preis.

Fahrpreise für einfache Fahrt

	Meersburg	Friedrichs-hafen	Kressbronn	Lindau	Bregenz
Konstanz	4,00 €	8,00 €	9,80 €	9,80 €	11,40 €
Meersburg		7,20 €	9,60 €	9,80 €	9,80 €
Friedrichshafen			6,00 €	8,00 €	9,60 €
Kressbronn				5,20 €	7,20 €
Lindau					4,00 €

Herr Lutz, Frau Lutz und Tochter Caroline (8 Jahre) überlegen:

Ich möchte aber mindestens 2 Stunden lang Meersburg be-sichtigen und 1 Stunde in Lindau bummeln!

Wie wäre Meersburg auf der Rückfahrt?

Konstanz – Bregenz und zurück. Schaffen wir das an einem Tag?

Fotografiert von Peter Allgaier

① Helft Familie Lutz bei ihren Überlegungen.

② Plant andere Ausflugsfahrten auf dem Bodensee.
Denkt auch an die Kosten.

Projekt 2: Experimentieren am Geo-Brett

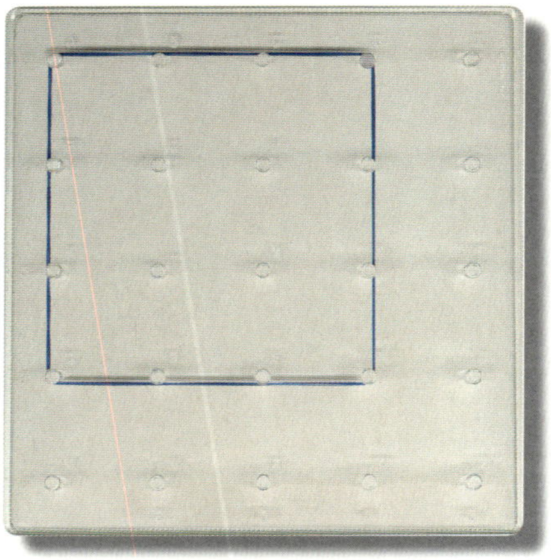

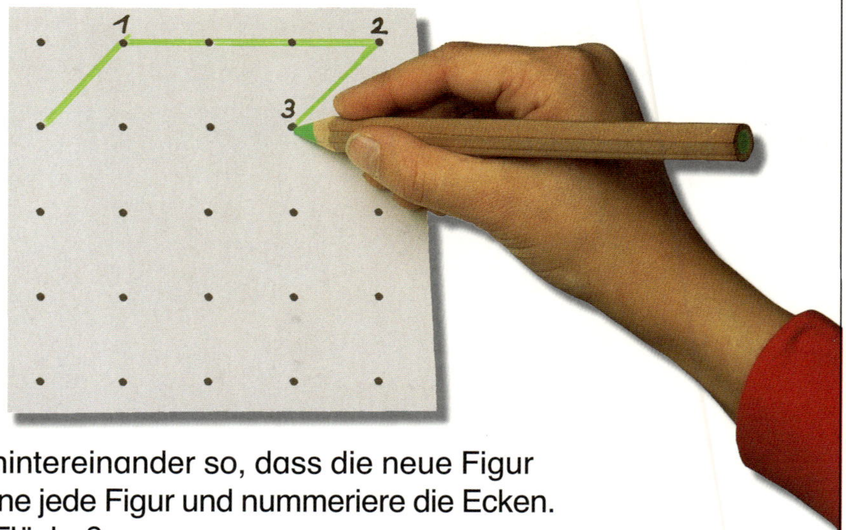

① Verändere das Quadrat viermal hintereinander so, dass die neue Figur jedes Mal mehr Ecken hat. Zeichne jede Figur und nummeriere die Ecken. Wie verändert sich die Größe der Fläche?

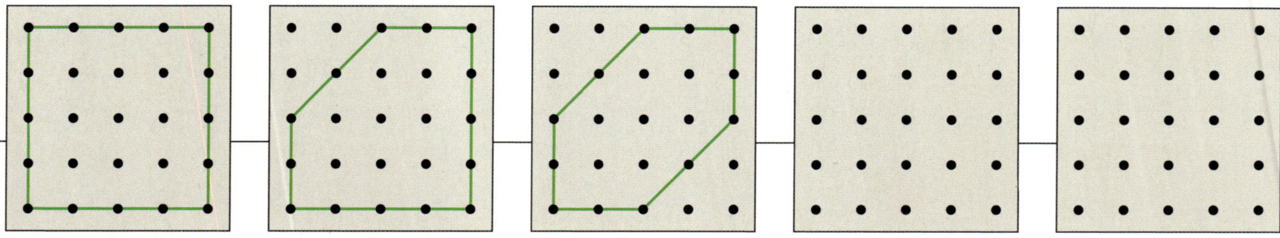

4-Eck | 5-Eck | □-Eck | □-Eck | □-Eck

② Verändere das Quadrat viermal hintereinander so, dass die neue Figur jedes Mal genau eine Ecke (genau zwei Ecken) mehr hat. Zeichne jede Figur und nummeriere die Ecken.

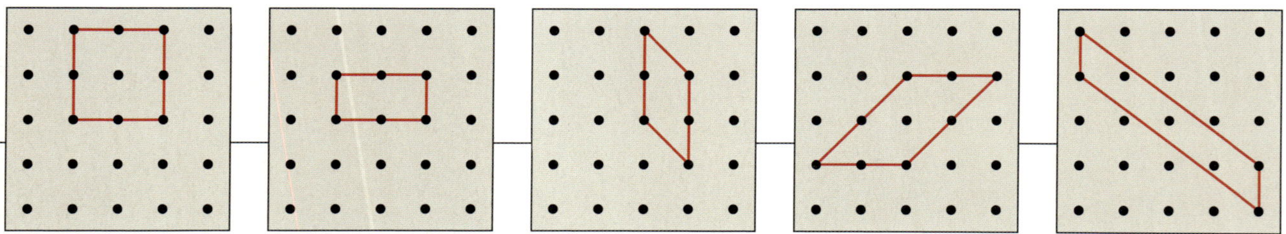

③ Parallelogramme sind Vierecke mit jeweils zwei parallel verlaufenden Seiten. Spanne und zeichne möglichst viele verschiedene Parallelogramme.

④ Untersuche, welche deiner Parallelogramme gleich groß sind.

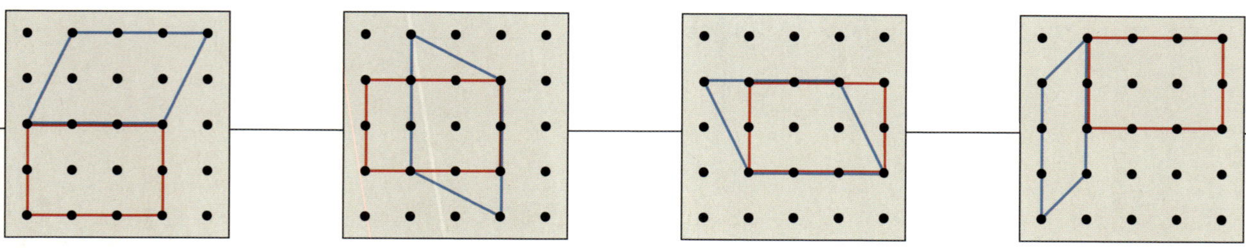

⑤ Spanne die vier Beispiele mit Gummiringen in verschiedenen Farben. Vergleiche die Flächen der rot und blau gezeichneten Parallelogramme in jedem Beispiel miteinander.

Spanne zu jeder Figur ihr Spiegelbild.
Stelle die Symmetrieachse jeweils mit einem Gummiring dar.

(1)
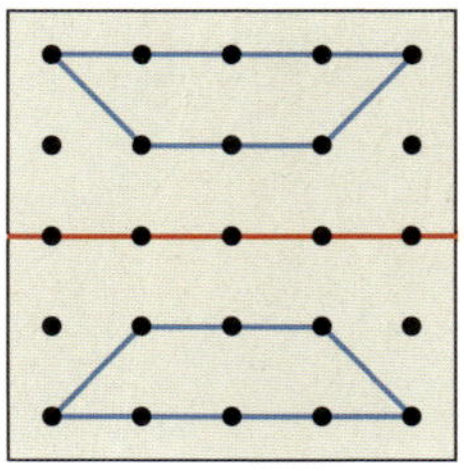
(2)
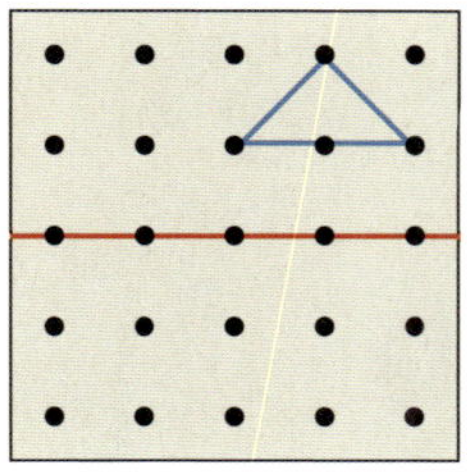
(3)
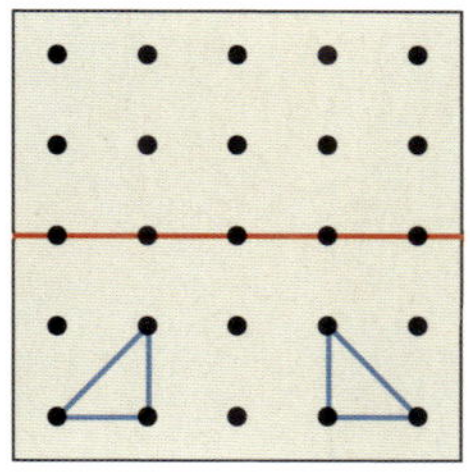
(4)
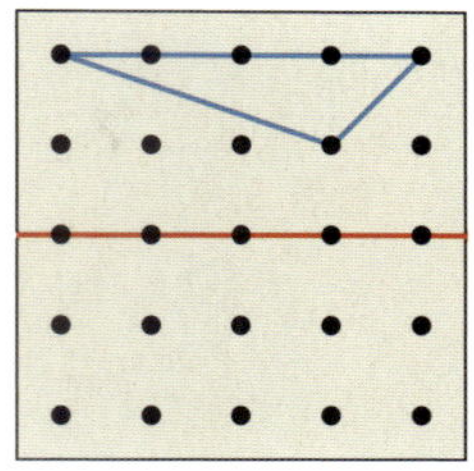
(5)
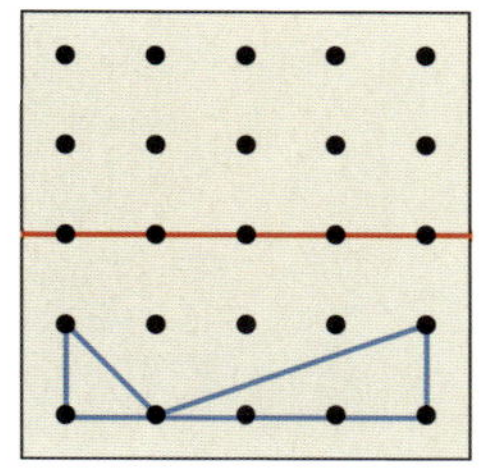
(6)
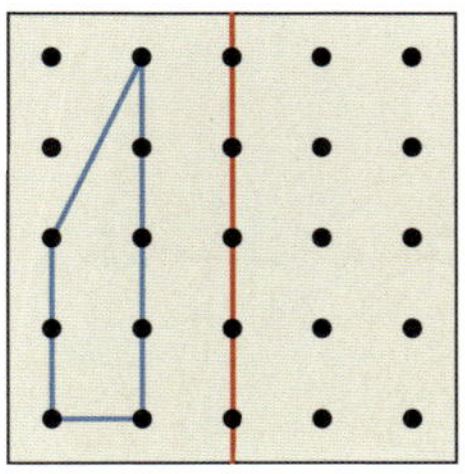
(7)
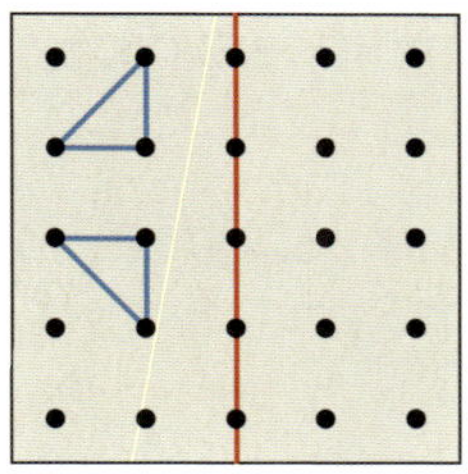
(8)
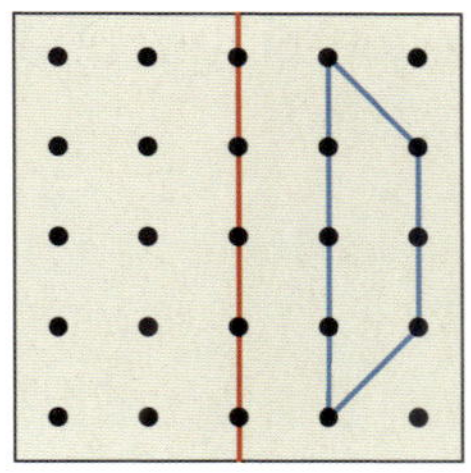
(9)
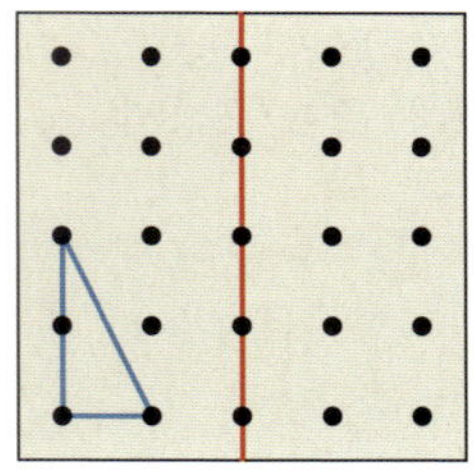
(10)
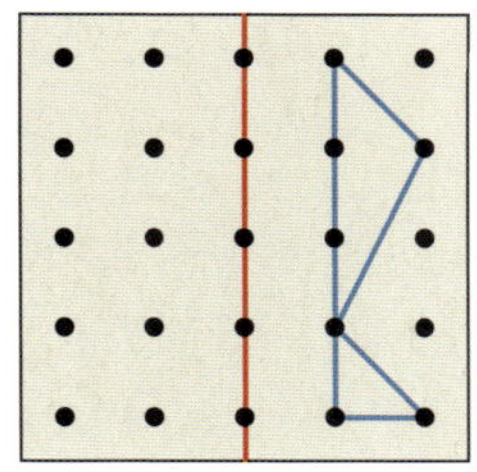
(11)
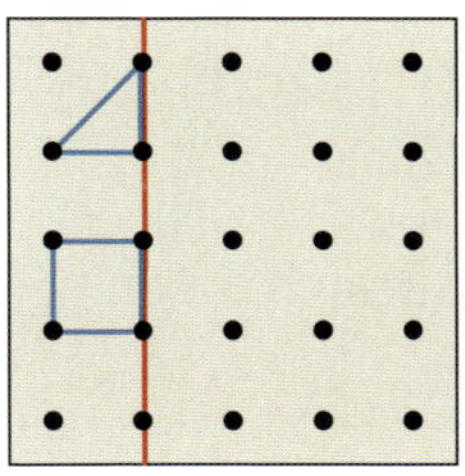
(12)
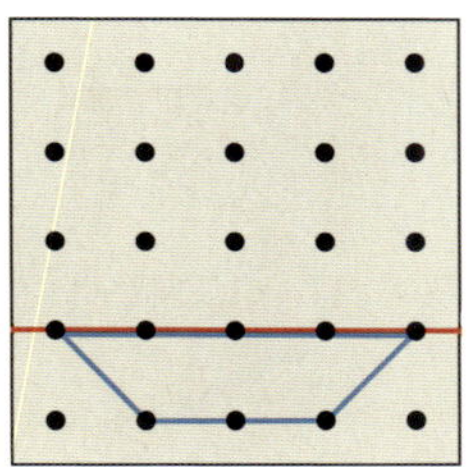
(13)
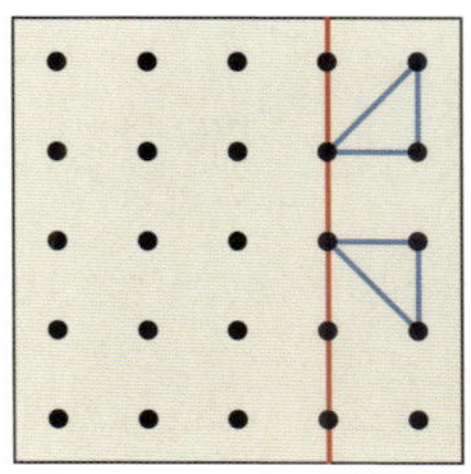
(14)
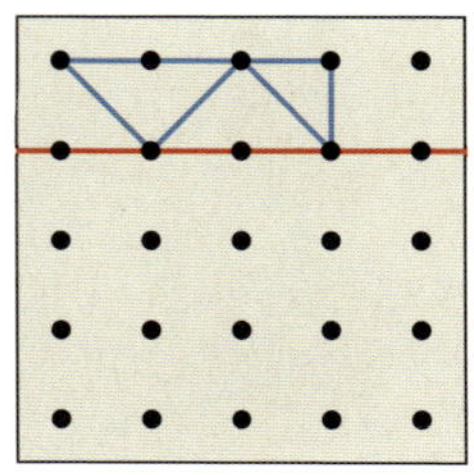
(15)
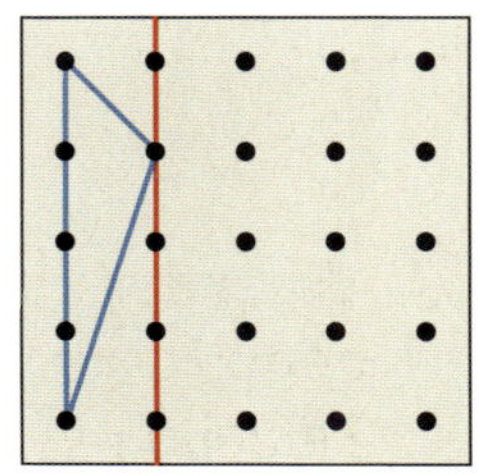
(16)
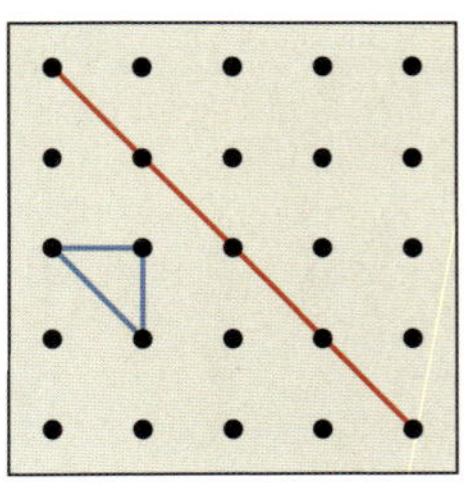
(17)
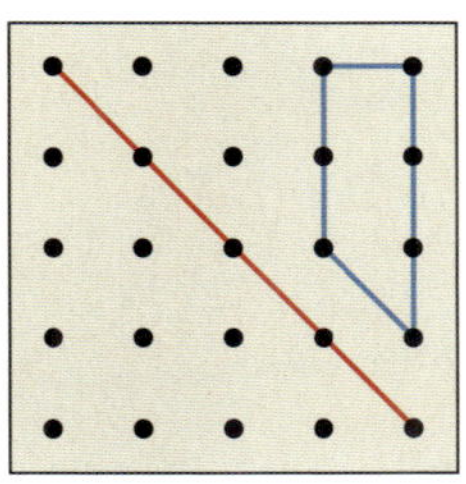
(18)
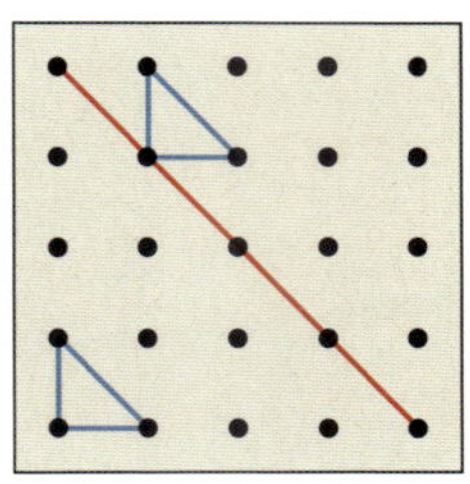
(19)
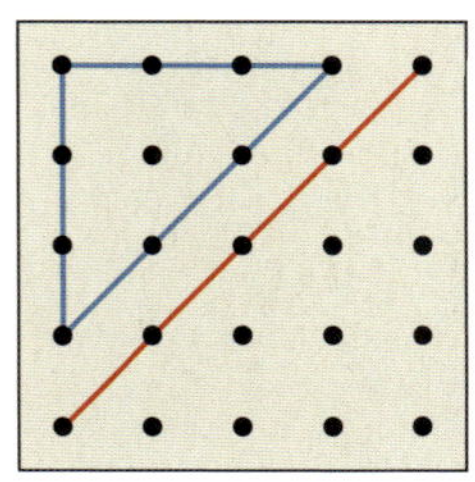
(20)
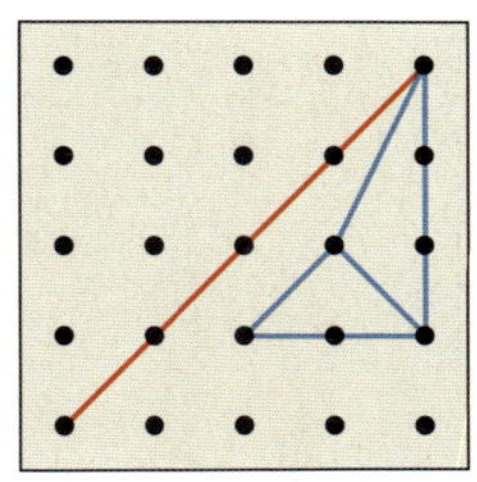

Spanne die fünf Figuren. Stelle die Symmetrieachsen jeweils mit Gummiringen dar.
Zeichne dann die Figuren mit ihren Symmetrieachsen.

(21)
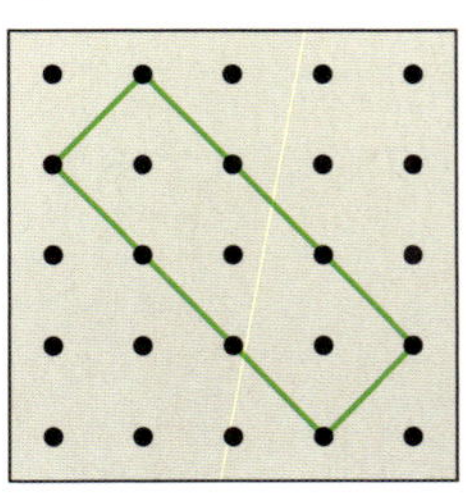
(22)
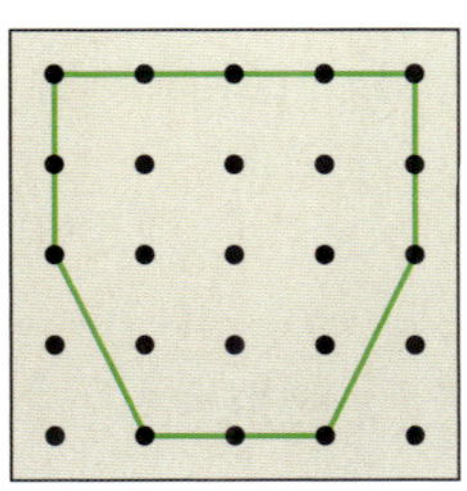
(23)
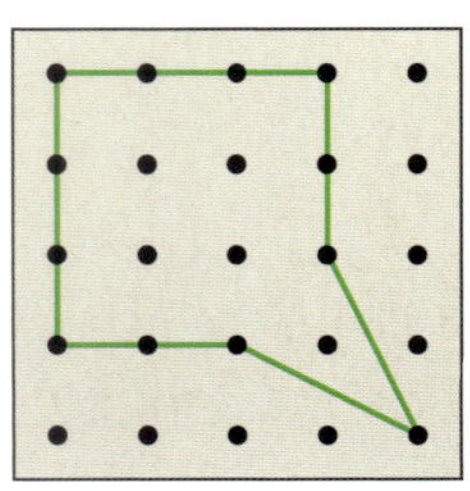
(24)
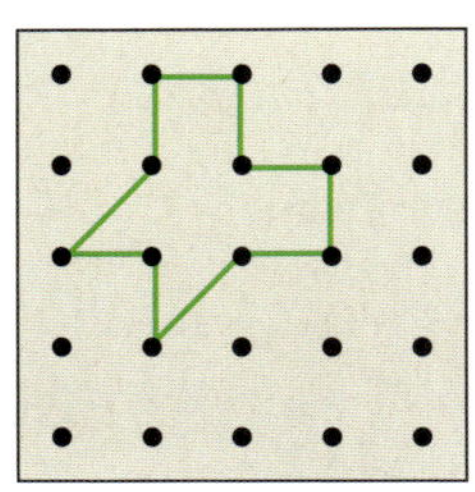
(25)
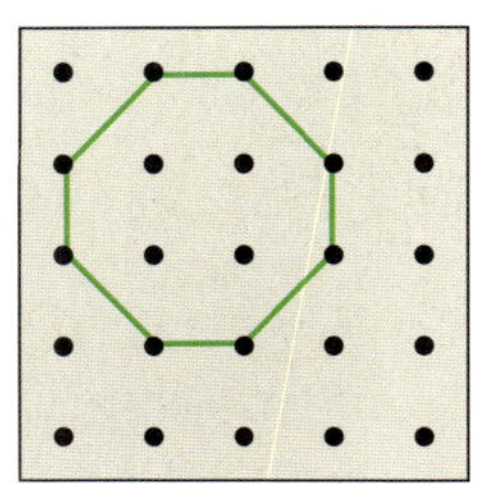

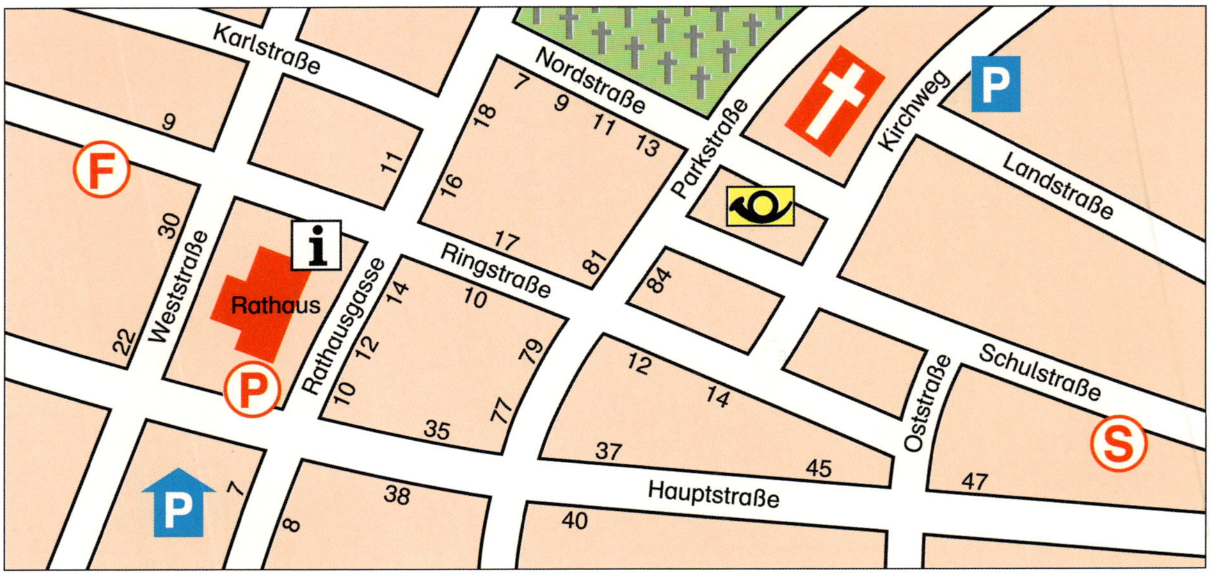

① Beschreibe die Lage der Post, der Schule, der Kirche, des Parkhauses …

② Uli wohnt in der Weststraße 30. Beschreibe seinen Schulweg.

③ Informiere dich über die Bedeutung der Symbole:

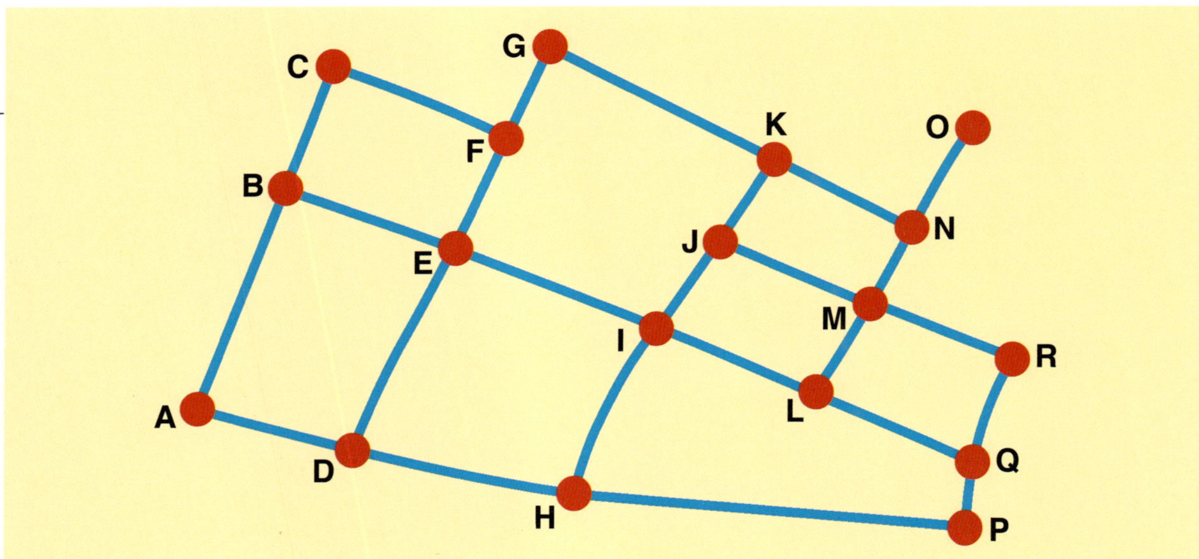

④ Die Straßen des Stadtplanes wurden hier in einem Netz dargestellt. Eine Straße heißt **Bogen**, eine Kreuzung (●) heißt **Knoten**.

⑤ Zeichne das Netz in dein Heft. Schreibe die Straßennamen zu den Bogen und die Buchstaben zu den Knoten.

⑥ Zeige den Weg I – H – D – E – F – G – K – J – I.

⑦ Suche einen Weg von A über möglichst viele Bogen wieder zu A zurück. (Kein Bogen zweimal!)

⑧ Suche Wege von A nach M. (Kein Bogen zweimal!) Der Weg soll
a) möglichst kurz sein,
b) möglichst lang sein,
c) genau über 10 Knoten führen.

⑨ Die Müllabfuhr beginnt und endet bei O. Suche einen günstigen Weg, der über alle Straßen führt. Es sollen möglichst wenige Straßen mehrfach gefahren werden. Die Müllabfuhr fährt nicht rückwärts.

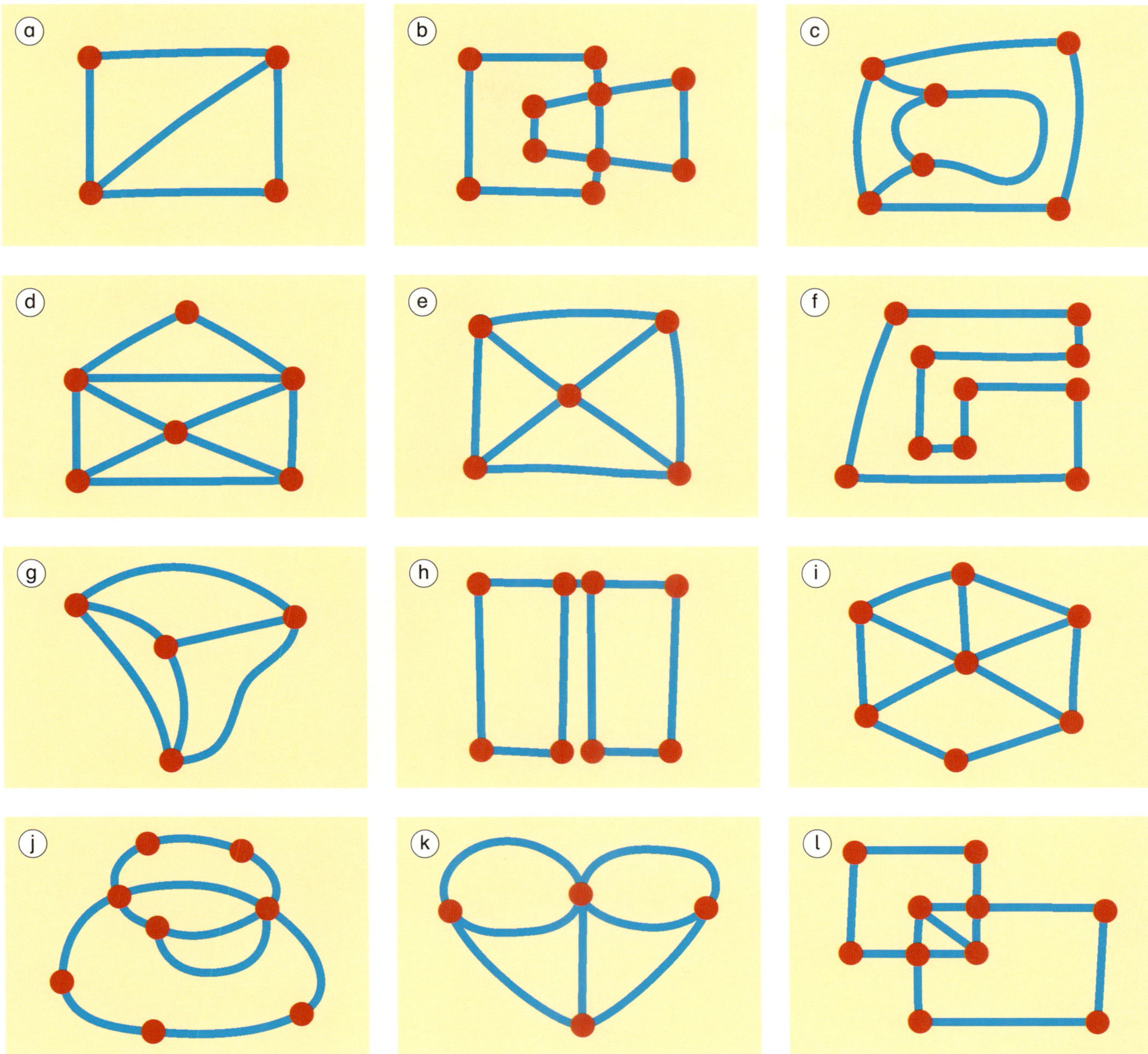

⑩ Überprüfe, welche dieser Netze sich in einem Zug durchlaufen lassen.
In einem Zug bedeutet, dass du nicht absetzen und keinen Bogen zweimal durchlaufen darfst.

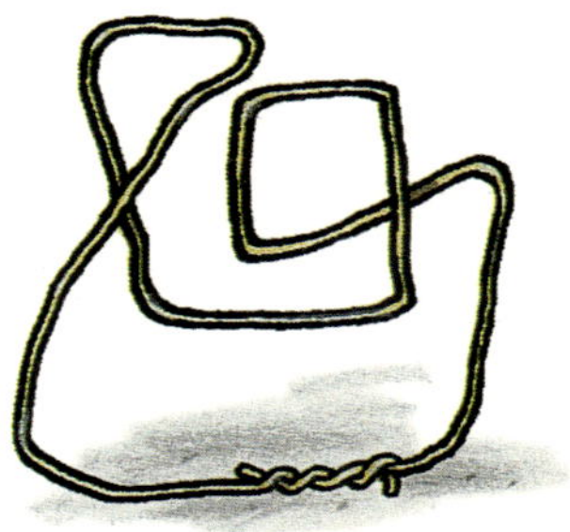

⑪ Erfinde und zeichne weitere Netze. Fülle dann die Tabelle aus.

Netz	In einem Zug durchlaufbar?	Anzahl der 2er-Knoten	Anzahl der 3er-Knoten	Anzahl der 4er-Knoten	Anzahl der 5er-Knoten
a	ja	2	2	0	0
b					

⑫ Der Mathematiker Leonhard Euler hat Regeln gefunden, wie Netze gebaut sein müssen, damit sie in einem Zug durchlaufbar sind.
Untersuche die Tabelle und finde einige dieser Regeln selbst heraus.

1. Frühstück (zu Hause)

1 Brötchen
1 Portion Butter (15 g)
2 Scheiben Bierschinken
dazwischen
1 Salatblatt
dazu
1 Glas (1 Tasse) Vollmilch ($\frac{1}{8}$ Liter)

2. Frühstück (in der Pause)

1 Scheibe Vollkornbrot
1 Portion Frischkäse (15 g)
dazwischen
2 Gurken- oder Tomatenscheiben
dazu
1 Banane

Rezept für Sportler-Müsli

Zutaten:

3 gehäufte Esslöffel (EL) Haferflocken (30 g), 1 EL Rosinen (20 g), 10 gemahlene Haselnüsse (12 g), 1 EL Zucker (15 g), Saft von $\frac{1}{2}$ Zitrone, $\frac{1}{2}$ Banane, 1 kleiner, geriebener Apfel, 1 Tasse Milch ($\frac{1}{8}$ l).

Zubereitung:

Zitrone auspressen, Apfel waschen, schälen, putzen, raspeln, gleich mit Zitronensaft mischen.
Banane schälen, in kleine Stückchen schneiden, zusammen mit Haferflocken, Rosinen, Nüssen und Zucker zu dem Apfel geben, gut mischen. In ein Glasschälchen geben, mit Milch übergießen.

Um leben und arbeiten zu können, brauchen wir Energie. Wir erhalten die erforderliche Energie durch die Nahrung, durch Essen und Trinken.
Wie viel Energie in den Lebensmitteln enthalten ist oder wie viel Energie wir benötigen, wird meist in Kalorien (manchmal auch in Joule) angegeben.

Produkt	Kalorien	Preis
Getreideprodukte:		
1 El Haferflocken (10 g)	40	0,02 €
1 Scheibe Vollkornbrot	100	0,10 €
1 Roggenbrötchen (45 g)	100	0,50 €
1 Brötchen (45 g)	120	0,40 €
Milch, Milchprodukte:		
1 Portion Butter (15 g)	115	0,10 €
1 Tasse ($\frac{1}{8}$ l) Vollmilch	80	0,10 €
1 Tasse Schokolade	110	0,30 €
1 Scheibe Emmentaler Käse	115	0,20 €
1 Scheibe Holländer Käse	110	0,19 €
1 Portion Frischkäse (15 g)	60	0,15 €
Wurst / Schinken:		
1 Scheibe Bierschinken (12 g)	30	0,20 €
1 Scheibe Schinken (25 g)	70	0,45 €

Produkt	Kalorien	Preis
Zucker:		
1 EL Zucker (15 g)	60	0,02 €
Obst, Gemüse, Nüsse:		
1 Apfel (80 g)	40	0,10 €
1 Tomate (50 g)	10	0,15 €
1 Banane (120 g)	100	0,25 €
1 Zitrone (80 g)	20	0,30 €
10 gemahlene Haselnüsse (12 g)	85	0,05 €
1 EL Rosinen (20 g)	55	0,05 €
Süßigkeiten:		
1 Stückchen Schokolade (5 g)	30	0,03 €
1 Riegel Mars (65 g)	290	0,45 €
1 Riegel Marzipan (75 g)	345	0,90 €
1 Portion Nuss-Nougat-Creme (15 g)	90	0,10 €

Der tägliche Kalorienbedarf für einen Schüler der dritten Klasse beträgt etwa 2000 Kalorien.
Für Schüler ist das richtige Frühstück besonders wichtig.
Das 1. Frühstück soll etwa 500 Kalorien, das 2. Frühstück soll etwa 200 Kalorien haben.

① Überprüfe die Frühstücksvorschläge von Seite 120.

② Bereitet im Unterricht das Sportler-Müsli zu.
Wie viele Kalorien hat dieses Müsli?

③ Vergleiche die Kalorienzahl des Sportler-Müslis mit den Zahlen der anderen Frühstücke. Berechne die Unterschiede.

④ Berechne die Preise der drei Frühstücke.

⑤ Stelle mithilfe der Tabelle selbst mehrere Frühstücke mit der erforderlichen Kalorienzahl zusammen.

⑥ Stelle ein Frühstück mit möglichst wenigen und ein Frühstück mit möglichst vielen Kalorien zusammen.
Es soll enthalten: Brot (Brötchen), Butter, ein Milchgetränk, Käse, 1 Scheibe Schinken.

⑦ Klaus mag weder Schinken noch Käse, er mag lieber Süßigkeiten.
Sein Frühstück: 2 Tassen Schokolade, 1 Brötchen mit Butter und Nuss-Nougat-Creme, in der kleinen Pause 1 Riegel Marzipan, in der großen Pause 1 Tafel Schokolade (20 Stückchen).
Sprecht über dieses Frühstück.
Denkt auch daran, was wohl der Zahnarzt sagen würde.

Projekt 5: Dinosaurier

Triceratops

8500 kg
4 m
9 m

Pentaceratops

7200 kg
3,50 m
7 m

Brachiosaurus

80 000 kg
12 m
23 m

① Betrachte die Darstellungen der verschiedenen Saurier und vergleiche.

② Die Kennzeichnungen unter den Abbildungen bieten folgende Informationen:

Gewicht | Rückenhöhe | Länge | Pflanzenfresser | Fleischfresser

③ Suche aus den Abbildungen das Gewicht des leichtesten und des schwersten Dinosauriers heraus.

④ Ordne die Saurier nach dem Gewicht. Beginne mit dem leichtesten Saurier.

⑤ Ein Pkw wiegt etwa 1 t. Vergleiche jeweils mit dem Gewicht der Saurier.

	Gewicht	Anzahl der Pkw
Ichthyosaurus	1000 kg	1
Tyrannosaurus		
Triceratops		
Brachiosaurus		
Ceratosaurus		
Apatosaurus		

Apatosaurus

30 000 kg
8 m
20 m

Archaeopteryx

1,500 kg
0,20 m
0,35 m

Quetzalcoatlus

65 kg
1,80 m
3 m

Dilophosaurus

1000 kg
3 m
6 m

⑥ Ordne die Saurier nach der Rückenhöhe.
Beginne mit dem größten Saurier.

⑦ Ordne die Saurier nach ihrer Länge.
Beginne mit dem kleinsten Saurier.

⑧ Stelle Länge und Rückenhöhe der Saurier
mit Papierstreifen dar.

⑨ Stelle die Länge der längsten Saurier
auf dem Schulhof dar.

⑩ Welche Saurier würden in ein Klassenzimmer
passen?

⑪ Was sagen die Karten über das Größenverhältnis zwischen
Mensch und Saurier?

⑫ Saurier waren Pflanzenfresser oder Fleischfresser.
Die Zeichen 🍃 und 🦴 geben die Zuordnung an.
Ordne die Saurier nach Pflanzen- und Fleischfressern.

Ceratosaurus

1000 kg
3 m
6 m

Tyrannosaurus

7000 kg
7 m
13 m

Ichthyosaurus

1000 kg
0,50 m
3 m

Stegosaurus

2000 kg
5 m
9 m

Compsognathus

2,0 kg
0,30 m
0,65 m

Velociraptor

30 kg
0,90 m
1,80 m

Kronosaurus

7000 kg
2 m
13 m

Durch den Bau von Umgehungsstraßen wurden in den vergangenen Jahren viele Orte vom Durchgangsverkehr entlastet, so zum Beispiel auch die Heimatgemeinde von Ute und Andreas. Diese beiden wollten wissen, wie viele Fahrzeuge jetzt nicht mehr durch ihren Ort fahren. 30 Minuten lang (von 15.00 Uhr bis 15.30 Uhr) zählten sie den Verkehr auf der Umgehungsstraße.

Hier ihre Strichlisten:

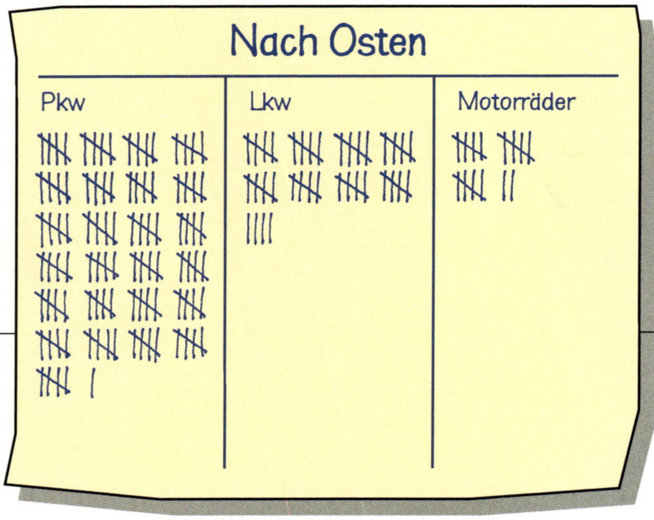

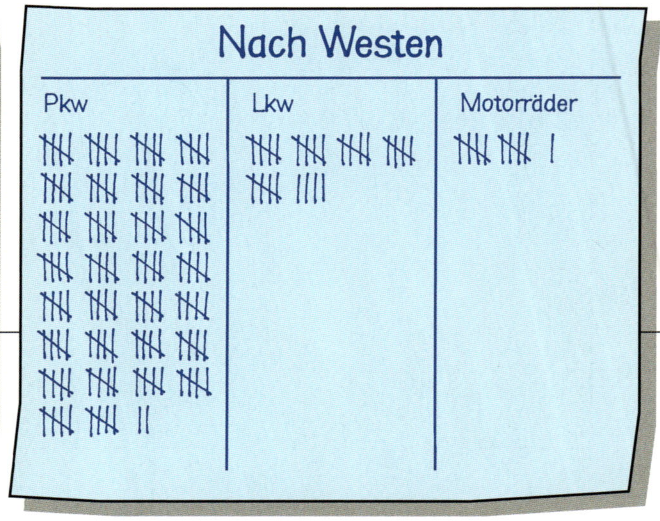

① Stelle die gezählten Fahrzeuge zeichnerisch dar.

100 Fahrzeuge = □ 10 Fahrzeuge = | 1 Fahrzeug = •

 Pkw	nach Osten		In beide Richtungen:
	nach Westen		
 Lkw	nach Osten		In beide Richtungen:
	nach Westen		
 Motorräder	nach Osten		In beide Richtungen:
	nach Westen		

② Wie viele Fahrzeuge fuhren insgesamt in 30 Minuten auf der Umgehungsstraße und damit nicht mehr durch den Ort?

Fahrzeuge in beide Richtungen insgesamt:

③ Berechne die Anzahl der Fahrzeuge, die auf der Umgehungsstraße in einer Stunde und in 6 Stunden fahren würden.
Warum kann diese Berechnung nicht genau stimmen?

④ Nach einer Verkehrszählung auf der Ettlinger Allee wurde die Anzahl der Pkw, die in Richtung Osten fuhren, in einem Balkendiagramm dargestellt. Sprecht über das Diagramm. Was fällt auf?

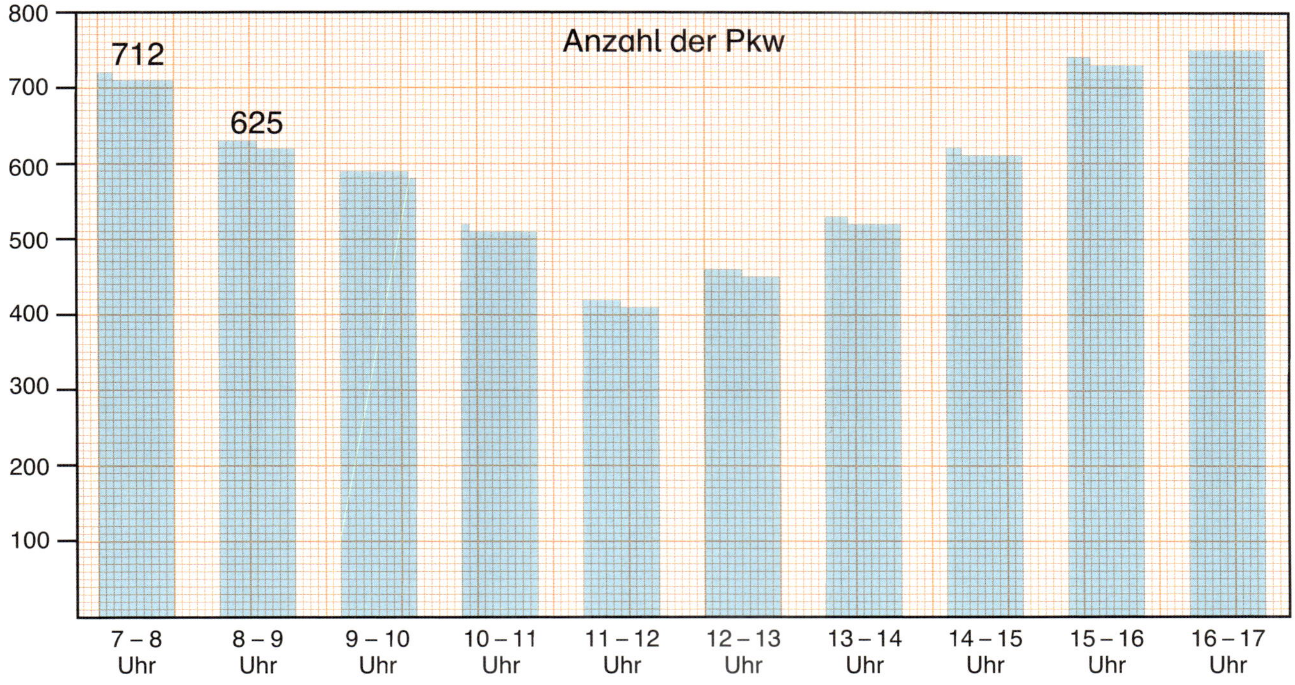

⑤ Schreibe die Anzahl der Pkw, die in jeder Stunde gezählt wurden, in die Tabelle. Errechne danach die Gesamtzahl der Kraftfahrzeuge.

Zeit	7 – 8 Uhr	8 – 9 Uhr	9 – 10 Uhr	10 – 11 Uhr	11 – 12 Uhr	12 – 13 Uhr	13 – 14 Uhr	14 – 15 Uhr	15 – 16 Uhr	16 – 17 Uhr
Pkw	712									
Motorräder	89	78	63	51	49	54	56	67	79	92
Lkw	24	21	25	30	32	26	39	29	31	34
Anzahl der Kfz	825									

⑥ Stelle die Anzahl der Motorräder in einem Streckendiagramm dar. 1 Motorrad entspricht 1 mm.

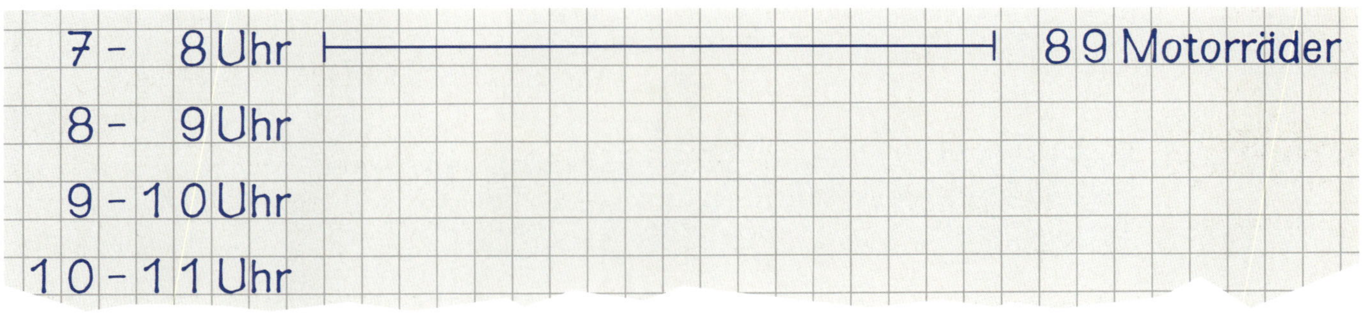

⑦ Führt selbst eine Verkehrszählung durch. Stellt die gewonnenen Daten auf verschiedene Arten grafisch dar. Macht euch Gedanken über Vor- und Nachteile der verschiedenen Darstellungen (Strichliste, Tabelle, Balkendiagramm, Streckendiagramm).

⑧ Plant eine Untersuchung darüber, wie die Schüler eurer Schule zur Schule kommen (zu Fuß, mit Pkw, Bus …). Überlegt, wie ihr die Befragung am einfachsten durchführen könnt. Stellt eure Zahlen grafisch dar und präsentiert sie in einer Ausstellung.

Projekt 7: Kombinieren – Gerecht verteilt?

Die Klasse 3d kann sich über das Ziel des Jahresausfluges nicht einigen.
Die eine Hälfte möchte an den Blausee, die andere Hälfte zum Hochberg.

Jetzt soll der Zufall entscheiden.
In Gruppenarbeit wurden von der Klasse 3d die folgenden Regeln erarbeitet:

Regel 1

Würfeln
Ist die Augenzahl 6, wird zum Blausee gewandert, andernfalls zum Hochberg.

Regel 2

Ziehen von Losen
Fünf Zettel werden mit 1, 2, 3, 4, 5 nummeriert und dann zusammengefaltet. Wird ein Zettel mit einer geraden Zahl gezogen, ist das Ziel des Ausfluges der Blausee.

Regel 3

Werfen einer Münze
Ist die Zahl zu sehen, wird zum Blausee gewandert.

Regel 4

Ziehen von Streichhölzern
Ein Kind hat 3 ganze und 3 halbe Streichhölzer in der Hand. Wird ein ganzes Streichholz gezogen, geht es zum Blausee.

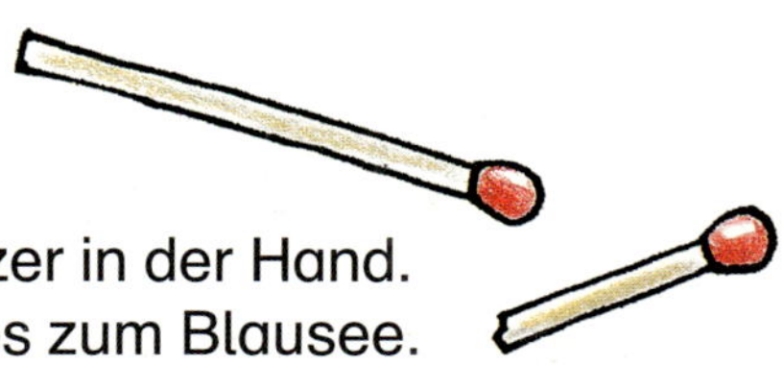

Regel 5

Ziehen von Steckwürfeln

In einem Säckchen sind 5 rote und 3 blaue Steckwürfel. Wird ein roter Steckwürfel gezogen, führt die Wanderung zum Blausee.

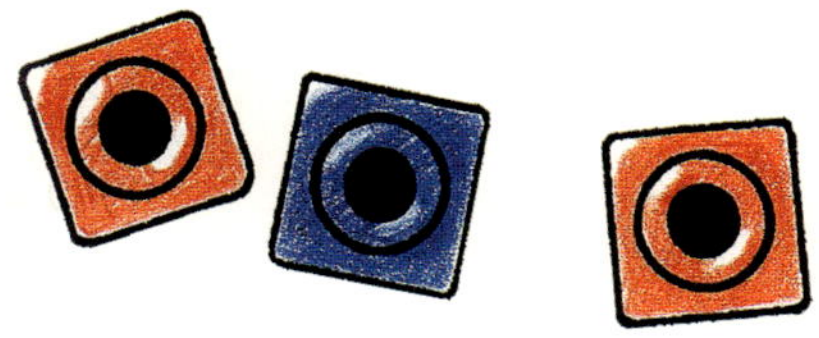

Regel 6

Werfen von zwei Münzen

Ist auf beiden Münzen die Zahl zu sehen, heißt das Ziel Blausee.

Regel 7

Ziehen von Losen

In einem Säckchen sind 2 Gewinnlose und 8 Nieten.
Wird ein Gewinnlos gezogen, führt die Wanderung zum Blausee.

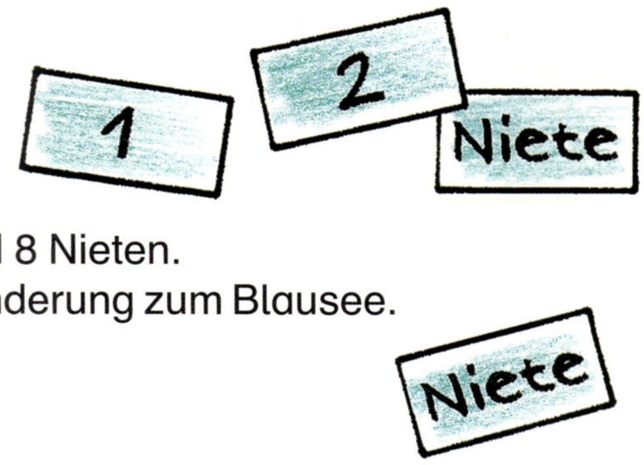

Partnerarbeit

① Welche der Regeln sind gerecht, welche ungerecht? Begründet.

② Führt die Zufallsversuche nach den Regeln 1 bis 7 durch (je 30 Versuche) und schreibt die Ergebnisse in Strichlisten auf.

③ Vergleicht die Ergebnisse von Nr. 2 mit euren Vermutungen (Nr. 1).

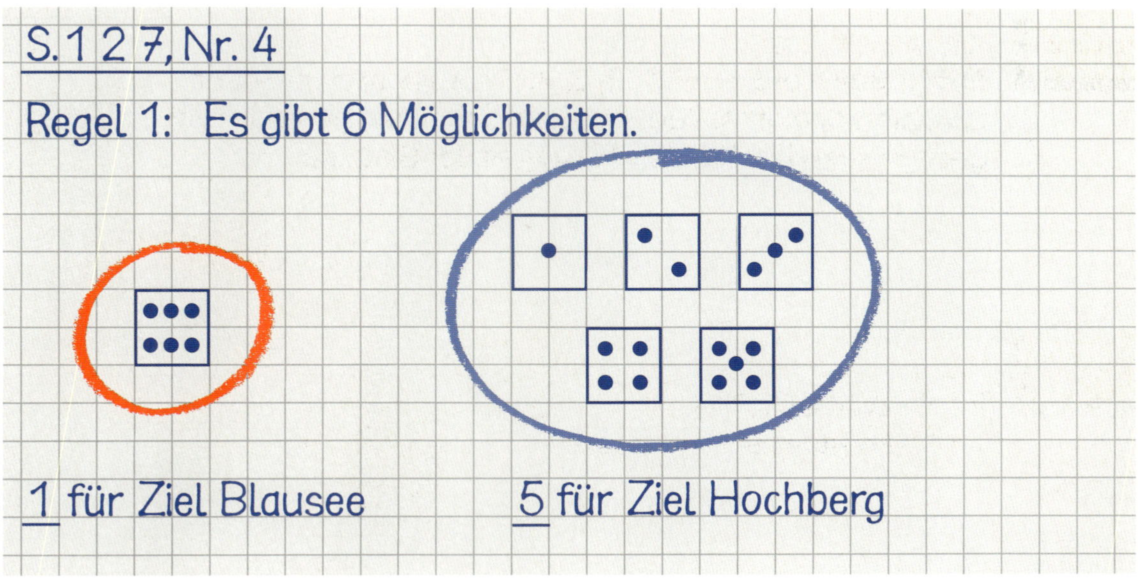

④ Zeichnet zu den Regeln 2 bis 7.
Kreist jeweils die Möglichkeiten für Ziel Blausee und für Ziel Hochberg ein.

⑤ Ändert die ungerechten Regeln so, dass sie gerecht werden!

⑥ Viel Spaß bei eurem Klassenausflug!

Päckchen A

ab Seite 44

Multipliziere jede Zahl mit 2, 3, 4, 5, 6, 7, 8, 9, 10.

①	11	⑥	16	⑪	30
②	12	⑦	17	⑫	40
③	13	⑧	18	⑬	50
④	14	⑨	19	⑭	60
⑤	15	⑩	20	⑮	70

Päckchen B

ab Seite 47

Dividiere jede Zahl durch 2, 3 und 4.
Kontrolle nicht vergessen.

①	26	⑥	27	⑪	19
②	30	⑦	37	⑫	46
③	35	⑧	45	⑬	50
④	29	⑨	39	⑭	55
⑤	40	⑩	38	⑮	34

Päckchen C

ab Seite 47

Dividiere jede Zahl durch 5, 6, 7, 8, 9 und 10.
Kontrolle nicht vergessen.

①	64	⑥	80	⑪	96
②	68	⑦	84	⑫	99
③	70	⑧	87	⑬	100
④	73	⑨	90	⑭	110
⑤	76	⑩	95	⑮	120

Päckchen D

ab Seite 61

a) Addieren
b) Subtrahieren
c) Zu 1 km ergänzen

①	128 m	861 m
②	697 m	704 m
③	368 m	146 m
④	43 m	625 m
⑤	1000 m	238 m

Päckchen E

ab Seite 62

Multipliziere jede Zahl mit 2, 3, 4, 5, 6, 7, 8, 9, 10.

①	35	⑥	42	⑪	51	⑯	66
②	36	⑦	44	⑫	53	⑰	75
③	37	⑧	47	⑬	58	⑱	83
④	38	⑨	45	⑭	56	⑲	68
⑤	39	⑩	48	⑮	59	⑳	92

Päckchen F

ab Seite 72

a) Als ct schreiben
b) Addieren
c) Subtrahieren
d) Zu 10 € ergänzen

①	3,60 €	276 ct
②	5 € 10 ct	0,68 €
③	6 €	3,75 €
④	2 € 5 ct	1,48 €
⑤	57 ct	9,06 €

Päckchen G

ab Seite 72

a) Als cm schreiben
b) Addieren
c) Subtrahieren
d) Zu 1000 cm ergänzen

①	203 cm	6 m 60 cm
②	8,50 m	28 cm
③	0 m 95 cm	6,48 m
④	2,06 m	6,88 m
⑤	7 m 19 cm	2,43 m

Päckchen H

ab Seite 72

a) Beide Zahlen addieren
b) Unterschied berechnen
c) Jede Zahl zu 1000 ergänzen

①	334	578	⑥	103	889
②	691	907	⑦	746	295
③	687	312	⑧	89	314
④	999	64	⑨	248	720
⑤	853	476	⑩	486	398

Päckchen I

ab Seite 76

a) Addieren
b) Subtrahieren
c) Zu 1 kg ergänzen

①	416 g	283 g
②	922 g	78 g
③	240 g	712 g
④	803 g	118 g

Päckchen J

ab Seite 81

a) Addieren
b) Subtrahieren
c) Unterschied zu 1 h berechnen

①	30 min	56 min	④	60 min	36 min
②	1 h 20 min	40 min	⑤	1 h 48 min	24 min
③	24 min	80 min	⑥	56 min	1 h 12 min

Päckchen K

ab Seite 104

a) Addieren
b) Subtrahieren
c) Zu 1 t ergänzen

①	825 kg	787 kg	③	34 kg	1000 kg
②	239 kg	368 kg	④	507 kg	241 kg

Inhaltsverzeichnis

Mathematische Begriffe

(+) plus

addieren — **Addition**

624	←	Summand	] Summe
+ 312	←	Summand	
936	←	Summe	

(−) minus

subtrahieren — **Subtraktion**

5 1			
~~6~~~~2~~4	←	Minuend	] Differenz
− 365	←	Subtrahend	
259	←	Differenz	

(·) mal

multiplizieren — **Multiplikation**

12 · 7 = 84

↑ 12: Faktor, ↑ 7: Faktor, ↑ 84: Produkt

Faktor Faktor (zusammen): Produkt

(:) geteilt durch

dividieren — **Division**

72 : 9 = 8

↑ 72: Dividend, ↑ 9: Divisor, ↑ 8: Quotient

Dividend Divisor (zusammen): Quotient